KB261561

색다른 자연의 맛

산나물 김치

색다른 자연의 맛

산나물 김치

초판 1쇄 인쇄 2017년 4월 5일
초판 1쇄 발행 2017년 4월 10일

지은이 김정숙
펴낸이 양동현
펴낸곳 아카데미북
　　　　출판등록 제13-493호
　　　　주소 02832, 서울 성북구 동소문로13가길 27
　　　　전화 02) 927-2345 팩스 02) 927-3199

ISBN 978-89-5681-168-0 / 13590

＊잘못 만들어진 책은 구입한 곳에서 바꾸어 드립니다.

www.iacademybook.com

이 도서의 국립중앙도서관 출판시도서목록(CIP)은
e-CIP홈페이지(http://www.nl.go.kr/ecip)와 국가자료공동목록시스템
(http://www.nl.go.kr/kolisnet)에서 이용하실 수 있습니다. CIP제어번호 : CIP2017008313

색다른 자연의 맛

산나물 김치

김정숙 지음

아카데미북

겨우내 움츠렸던 몸에
봄소식을 전합니다

감질 나는 햇살을 꿰차고 3월에는 떠나고 싶습니다. 연둣빛 스카프 두르고 섬진강 변 봄을 만나러 가고 싶어집니다.

어느 해 암울했던 봄날, 구불구불한 섬진강 줄기를 따라 무작정 걸은 적이 있었지요. 겨우내 야윈 강은 돌무더기 바닥을 상처처럼 드러내고 흘러가는데 양지바른 강변에서 뾰조족~ 민들레가 고개를 들고 있었습니다. 은은한 풀냄새를 맡으며, 작은 풀잎 하나에도 겨울을 견뎌야 봄이 오는 자연의 법칙이 있음을 깨달았지요. "그래, 지금 나는 인생의 겨울을 지나고 있는 거야."

인생의 겨울은 생生의 어느 한 시기가 아닌, 절망하고 상처 입어 울고 있을 때입니다. 산다는 건 제 몫의 사랑을 파종播種하는 것. '너는 존재한다, 그러므로 사라질 것이다. 너는 사라진다. 그러므로 아름답다.' 폴란드 여류 시인 비슬라바 쉼보르스카Wislawa Szymborska의 '반복되는 하루는 단 한 번도 없다. 그러므로 너는 아름답다'라는 시구가 나를 일으켜 세운, 그때가 바로 봄이었습니다.

풀잎이고 싶어요

움츠렸던 속살에 개울물 소리 들리고

누우런 갱지처럼 핼슥한 대지

양지바른 곳엔

쑥, 쇠별꽃, 냉이를 밀어 올린

연둣빛 바람

머언 기적처럼 떠나고 싶은

3월에는

신기해라

처음 맞는 봄처럼

나목의 숨소리에 설레이고

은빛 띠 같은 기인 강물

소생할 수 있는 상처처럼

희망을 품는데

가장 키가 큰 세콰이어보다

육천년을 산다는 용혈수보다

무성한 바이오밥보다

풀잎이고 싶어요

떡잎 밀어 올린 씨앗은

나누어야 자라지만

풀잎과 이슬 같은 우린

햇살 속에 녹아

질긴 뿌리를 뻗고야 마는.

- 필자의 시 「3월에는 풀잎이」 전문

봄은 참 많은 것을 생각나게 합니다. 샛바람 불어오는 밭자락에 퍼지던 햇살은 가장 먼저 남루하기 짝이 없는 가난의 늑골을 눈부시게 드러내 주었고, 시린 마음 부여잡고 양지 뜸에 쪼그리고 앉으면 어느새 바람이 연푸른 향기를 실어와 감싸 주었지요.

달래뿌리같이 허연
무주 할머니 치마폭에선
늘 된장 냄새가 났다.
봄이면 비둘기 빛 새벽에 산으로 가서
노을녘에야 산나물을 이불짐 이듯 이고 와
머얼건 나물죽 한 그릇 먹기도 어렵던
당신의 보릿고개
회약 먹은 듯 노랗던
배고팠던 날들을 얘기했었다.
- 필자의 시 「밥을 푼다」1부

이른 봄 들녘에 파릇파릇 돋아난 풀들을 보면 안쓰럽고 대견합니다. 봄 들녘에 앉아 귀를 모으면 흙 속에 뿌리 내리며 일어서는 소리가 들립니다. 그리고 겨우내 움츠렸던 몸은 모질게 살아남은 봄나물의 향미로 눈물겨운 위로를 받습니다. 옛사람들은 겨울을 넘긴 나물 뿌리는 인삼보다 더한 명약名藥이라 했다지요. 겨울 풍상에 지친 민초民草의 몸은 바싹 마른 혈관을 타고 들어오는 자연의 생기를 감지했을 테지요. 저 비 갠 강둑 갯버들이 이들이들 물오르게 하는 자연의 힘을요.

봄비 그친 산에 아지랑이는 피어오르고 산채의 향은 더 깊어졌을 겁니다. 바구니 들고 나가 아지랑이 앞세우고 봄을 캐고 싶습니다. 해마다 돌아오지만 언제나 새롭기 그지없는 봄. 푸른 바람을 불러내는 마법 같은 주문을 외워 봅니다.

“봄이다. 봄”

덧붙여서...

이 책은 '산나물 김치'를 주제로 한 책입니다. 봄에 시작하여 눈 내리는 겨울까지 틈틈이 자연이 키운 산나물로 김치를 담그고, 먹고, 숙성시키는 작업을 해 보았습니다.

강원도 정선에서 봄철 내내 산나물을 채취하여 보내 주신 정선의 약초꾼 이형설 님과, 사계절을 산나물 김치에 오롯이 담아 준 사진작가 이귀현 님, 음식 솜씨 좋은 김미선·이신영 선생, 이 책의 출판에 협조를 아끼지 않은 도서출판 아카데미북 관계자께 깊은 감사를 드립니다.

2017년 봄이 오는 길목에서
김정숙

목차

양념 사용법
- 젓갈 대신 국간장으로 양념하면 감칠맛은 적지만 숙성된 뒤에 맛이 개운하고 질감이 아삭하다.
- 상표에 따라 약간 차이는 있지만 젓갈과 국간장(한식 재래간장)의 염도는 비슷하다.
- 집에서 담근 간장은 염도가 25~30%까지 나므로 맛을 봐 가며 양을 조절한다.
- 멸치젓갈(생젓, 기타 젓갈) 소금 함량 약 25%
- 액젓, 국간장 소금 함량 23±2%

첫
번
째

나물이란 무엇인가

1

우리의 나물 문화

**나물, 봄의 생명을 위한
자연의 선물**

봄은 생명의 계절이다. 연한 것들이 고물고물 되살아오는 봄에는 봄을 바라보는 것만으로도 벅차다. 돋아나는 생명의 파장이 우리의 마음을 흔들기 때문이다.

지구상의 모든 생명은 절기의 리듬으로 생동하는데, 겨울에서 봄으로 가는 시기가 몸의 리듬에 가장 중요하다. 겨울 동안 몸속에 쌓인 독소를 밖으로 배출하여 새롭게 시작할 힘을 주는 먹거리가 바로 '봄의 새싹'이다. 겨울잠을 끝낸 곰은 제일 먼저 조릿대를 먹고 몸을 정화淨化시킨다고 하니 이것이 바로 자연의 섭리가 아닌가 싶다.

한국 문화계의 석학 이어령李御寧 박사는 '한국인은 참기름만 주면 모든 풀을 나물로 무쳐 먹을 수 있으며, 나물을 먹는다는 것은 한국인의 생활 철학과 그 우주를 먹는 것'이라고 표현했다. 아울러 '한국 사람은 이파리와 줄기 그리고 뿌리가 달려 있는 것이면 무엇이든 나물로 무쳐 먹을 수 있는 요리사'라고도 밝힌 바 있다.

　　실제로 우리나라 지리 환경을 보면 전 국토의 70%에 해당할 정도로 산이 많고, 그 산에서 자라는 식물의 수는 1,300여 종이 넘는다고 한다. 그중 식용 가능한 식물은 850여 종에 이르고, 지금도 300여 종을 먹고 있다고 한다. 들이 넓지 않아 곡식 생산량이 적고 산에 기대어 살 수밖에 없는 우리 민족에게 산나물은 자연의 자비였다. 해마다 봄이 되면 우리 할머니들은 나물을 캐어다가 보리 한 줌 넣고 한 솥 가득 죽을 쑤어 식솔들의 목숨을 연명하게 했다.

민요民謠와 시가詩歌로 만나는 우리의 나물 문화

　　봄은 천지의 뜨락을 제각기의 색깔로 물들이는 소생의 시간이지만 50여 년 전만 해도 민초들이 누렇게 부황 드는 배고픈 계절이었다. 허기를 달래기 위해 먹었던 봄의 어린순, 잎, 열매, 뿌리, 나무껍질 등은 대표적인 구황식救荒食이었다. 음식과 관련된 옛 문헌의 내용 중 80%가 기근에 시달릴 때 목숨을 연명하게 해 주는 구황식에 대한 기록이고, 그 대부분은 산나물이다.

　　산촌山村에서 며느리를 얻을 때면 시어머니가 며느릿감을 만나 일종의 테스트를 했다고 한다.

　　"처자, 나물 타령 좀 할 줄 아는가?"

　　수줍은 처녀는 작지만 또렷한 목소리로 나물 타령을 부른다.

　　"비오느냐 우산나물 / 강남이냐 제비풀 / 군불이냐 장작나물 /

　　마셨느냐 취나물 / 취했느냐 곤드레 / 담 넘느냐 넘나물 / 시집갔다 소박나물 /

　　오자마자 가서풀 / 안줄까봐 달래나물 / 간지럽네 오금풀 /

　　아산저산 번개나물 / 정 주듯이 찔금초 / 한푼두푼 돈나물 / 매끈매끈 기름나물 /

　　어영 꾸부정 활나물 / 돌돌 말아 고비나물 / 칭칭 감어 감돌레 /

　　집어 뜯어 꽂다지 / 머리 끝에 댕기나물, 뱅뱅 도는 돌기나물……

처녀의 노랫소리에 시어머니 될 분은 고개를 끄덕이며 덥석 손을 잡는다. '이 정도로 나물을 알고 있다면 흉년에 식구들 굶기지는 않겠구나' 하는 안도감에서였을 것이다.

시집온 뒤 처음으로 천 리 길을 찾아온 아버지를 만난 딸의 이야기도 들어 보자. 오랜만에 혈육을 만난 반가움도 잠깐, 아버지에게 끓여 드릴 보리쌀 한 줌 없던 딸은 눈물을 참지 못한다.

"아부지, 냉이꽃 핀 것 못 보았소. 냉이꽃이 들판에 허옇게 피었어라."

냉이꽃이 하얗게 필 때가 바로 보릿고개였다. 양식은 바닥난 지 오래고 보리는 아직 패지 않았으며, 그나마 먹을 만한 나물도 쇠어 빠지고 말았으니 딸의 마음은 얼마나 고단했으랴.

다산茶山 정약용丁若鏞 선생의 글 중에 「채호采蒿」라는 시가 있다. 다산 선생은 흉년이 든 해에 가난한 백성들이 끼니를 때우려 쑥을 캐는 모습을 실감나게 묘사하고 있다.

다북쑥을 캐고 또 캐지만 다북쑥이 아니라 새발쑥이네	采蒿采蒿 匪蒿伊莪
양떼처럼 떼를 지어 저 산 언덕을 오르네	群行如羊 遵彼山坡
푸른 치마에 구부정한 자세 흐트러진 붉은 머리털	靑裙偶僂 紅髮俄兮
무엇에 쓰려고 쑥을 캘까 눈물만 쏟아지네	采蒿何爲 涕滂沱兮
쌀독엔 쌀 한 톨 없고 들에도 풀싹 하나 없는데	瓶無殘粟 野無萌芽
다북쑥만이 나서 무더기를 이뤘기에	唯蒿生之 爲毬爲科
둥글게 넓적하게 말리고 데치고 소금을 쳐	乾之蔍之 瀹之醝之
미음 쑤고 죽 쑤어 먹을 밖엔 달리 또 무얼 하리.	我饘我饙 庶无他兮

- 다산 정약용, 「채호」 제 1장

생명의 근원은 먹는 데 있지만 인간의 역사는 배고픔과의 투쟁의 역사다. '쌀독엔 쌀 한 톨 없는' 무명옷 입은 이들이 양떼처럼 허옇게 떼를 지어 산자락에 엎드려 눈물의 쑥을 캐고 있다. 질긴 목숨에 쑥으로 주린 배를 속여야 하는 생애가 서글프다. 허기져서 기진한 봄날, 파릇해진 들녘에서 눈물자국 문지르고 쑥이라도 캐지 않으면 가난한 일상을 무엇으로 채우리. 해는 길고 밤은 더디 오는데.

양식은 진작 떨어지고 / 새로 팬 이삭 여물 날 언제일는지
날마다 서쪽 언덕에서 나물을 뜯어도 / 허기를 채우기에 부족합니다
아이들 배고파 보채는 거야 참는다지만 / 늙으신 부모님 어찌하리오.
- 송순宋純(1493~1583),『농가의 원성農家怨』

'자연과 동화된 삶을 통한 안분지족安分知足'의 대표적인 가사 문학『면앙정가俛仰亭歌』를 지은 송순宋純도 배고픈 봄날의 현실은 외면하기 어려웠던 듯하다.

배고픔을 나누는 미풍양속, 나물서리

나물과 관련된 생활 풍속 중에 '나물서리'라는 것이 있다. 본래 '서리'란 동네 아이들이나 청년들이 남의 과일이나 논밭의 곡식 등을 주인 몰래 조금씩 가져다 나누어 먹고 노는 놀이 문화이다. 그런데 '나물서리'는 놀이로서의 서리와는 다르다. 이른 봄, 나물이 돋기 시작하면 가난한 집의 아낙들은 하루 종일 산나물을 뜯고 잘 다듬어서 동네 제일 부잣집으로 찾아간다. 나물 광주리를 마당에 내려놓고 안주인을 찾으면 안주인은 밥을 지어 이들을 먹이고 돌아가는 길에 곡식을 한 바가지씩 퍼 주었다. 이것은 가진 자와 못 가진 자가 더불어 보릿고개를 살아 내는 묵약默約의 관행이었다. 부잣집에서는 봄나물을 일찍 맛볼 수 있고, 서민들은 품을 팔아 자식 먹일 곡식을 마련할 수 있었으니, 모진 보릿고개를 함께 넘기는 지혜와 배려가 깃든 미풍양속이라고 할 수 있다.

역사적으로 나물은 가난의 상징이기도 했지만, 제철을 즐길 수 있는 감미로운 먹거리이기도 했다. 생활 속에서 전해지는 시가들을 통해 봄을 맞아 나물을 즐기는 일상을 엿볼 수 있다.

산채山菜는 일렀으니 들나물 캐어 먹세 / 고들바기 씀바귀요 소로장이 물쑥이라 / 달래김치 냉이국은 비위를 깨치나니 / 본초本草를 상고하여 약재를 캐오리라.
 -『농가월령가』「2월령」 일부

삼월三月은 모춘暮春이라 / 청명곡우 절기로다. / 앞산에 비가 개니 살진 향채 캐오리다 / 삽주 두릅 고사리며 고비 도랏 어아리를 / 일분은 엮어 달고 이분은 무쳐 먹세.
 -『농가월령가』「3월령」 일부

『농가월령가農家月令歌』는 조선 말기 헌종憲宗 때 정학유丁學遊가 지은 장편 가사로, 1월부터 12월까지 철따라 변하는 세시풍속과 시식時食이 담겨 있다.

푸른 씀바귀와 냉이 향기로운 물쑥 / 이른 봄 새로 돋은 나물 매우 맛있네 / 산가의 운치 있는 일은 시절사물 따라서 / 양지바른 언덕에서 쑥국 끓여 술 마시는 것.
 - 유만공柳晩恭,1793~1869,『세시풍요』「한식寒食」

작은 시냇가에 솥을 걸어 놓고 / 흰가루 푸른 기름으로 두견을 익히는구나 / 두 젓가락으로 집어 드니 향기가 입안에 가득하고 / 한해의 봄빛이 뱃속에 퍼지누나.
 - 김병연金炳淵, 1807~1863,「화전놀이」

어젯밤 좋은 비로 산채가 살쪘으니, 광주리 옆에 끼고 산중에 들어간다.

주먹 같은 고사리요 향기로운 곰취로다. 빛깔 좋은 고비나물 맛 좋은 어아리다.

도라지 굵은 것과 삽주 순 연한 것을, 낱낱이 캐어내어 국 끓이고 나물 무쳐

취 한 쌈 입에 넣고 국 한 번 마신다. 입 안의 맑은 향기 삼키기가 아깝다.

- 작자 미상, 「전원사시가 田園四時歌」의 「봄」 일부

※ 율곡 이이 李珥의 작품이라는 설이 있으나 확실하지 않으며, 조선후기의 작품으로 짐작되는
   작자·연대 미상의 가사이다. 춘하추동 春夏秋冬의 사계절을 노래했는데 그중 봄을 노래한 부
   분에서 자연의 정취가 물씬 난다.

2

왜 산나물을 먹어야 하는가

격세지감의 건강식품, 나물

구황식으로 끼니를 때우던 나물이 현대사회에 들어서는 별미 식재료가 되었다. 밭에서 정성스레 키운 채소보다, 산과 들판에서 자란 야생의 것들이 귀한 대접을 받고 있으니 실로 격세지감隔世之感이다.

자연에서 신神의 작품을 볼 수 있는 사람은 건강한 사람이다. 자연의 산물인 식물은 어떤 종류의 것이든 천기天氣와 지기地氣로 자란 생명의 풀이다. 산불이나 산사태, 무분별한 벌목 등 인간이 지구에 상처를 내면 가장 먼저 달려가는 '식물계의 적십자'는 잡초 즉 산야초다. 냉엄한 자연의 악조건을 극복하는 강인한 생명력을 가지고 있어 지구를 치유하고 회복시켜 아름답게 한다.

산나물은 맛이 좋고 영양이 풍부한 무공해 식품

산나물의 가장 큰 장점은 영양성분이 풍부하고 화학 비료와 농약 걱정이 없는 무공해 식품이라는 것이다. 재배 채소와 비교해 보면, 비타민이나 무기질 성분이 산나물에 20~30%가량 더 많은 것으로 보고되고 있다. 산은 일교차가 큰 곳으로, 이러한 곳에서 자라는 식물을 위기 상황에 대비해야 하므로 영양분 축적률이 평지 식물보다 높다. 사람도 추운 데서 살면 지방 축적률이 높아지는 이유와 같다.

산나물은 천천히 자라지만 영양분이 풍부하고, 들판에서 자라는 나물은 성장이 빠른 대신 잎이나 줄기에 축적되는 영양분이 적다. 또한 들판의 식물은 잎이 두껍고 억센 반면, 산나물은 질감이 연하다. 사람도 햇볕을 많이 쬐면 피부가 두꺼워지듯이 식물의 잎도 마찬가지다. 산나물은 나무가 많은 곳에서 자라다 보니 햇빛을 많이 받지 못해 잎이 부드럽고, 낙엽이나 부엽토가 두껍게 쌓여 있어 산성비의 유해 성분에 의한 피해 또한 덜 받는다.

한 예로, 우리나라 사람들이 특히 즐겨 먹는 고사리는 '산에서 나는 쇠고기'라 불릴 정도로 단백질과 무기질이 풍부하고, 칼슘·칼륨이 많아 이뇨 작용을 돕는다. 치아와 뼈를 튼튼하게 하고 노폐물을 배출하는 디톡스 효과가 있어 성장기 어린이와 중금속에 노출되어 있는 현대인에게 좋다. 고사리에 발암성 물질인 '브라켄톡신 bracken toxin'과 '타킬로사이드 Ptaquiloside'라는 독성 물질이 있는 것으로 밝혀져 기피하는 경우가 있지만 열에 매우 약하고 산과 알칼리에도 쉽게 분해되어 나물이나 산채비빔밥으로 먹을 땐 염려하지 않아도 된다. 한 연구에서는 고사리를 삶아 우려낸 실험에서 오히려 발암 억제 기능이 나타났다는 보고가 있다.

산나물의 향기와 특수 성분

산나물의 두 번째 장점은 특유의 향과 특수 성분이다. 숲에는 식물을 노리는 천적이 많다. 곰취·돌미나리·참나물 등이 스스로 생산해 내는 다양한 물질은 동물이나 해충으로부터 자신을 지키고 미생물의 공격을 막는 방어 도구이다. 식물의 생존을 위한 특수 물질이 사람에게는 미각을 자극하고 건강에 도움을 주는 신비한 작용을 한다. 서양에서는 이를 '피토케미컬 phytochemicals'이라 이름 붙이고 다양한 연구를 하고 있다.

'숲의 정기精氣', '대기大氣의 비타민'으로 불리는 피톤치드Phytoncide의 효과가 알려지면서 삼림욕이 각광받고 있는데, 사실 이 피톤치드는 일정한 나무에서만 나오는 것이 아니다. 숲속의 맑은 공기는 공기 중의 먼지 등을 80% 이상 정화하여 심폐 기능을 회복시킨다. 그뿐 아니라 말초신경이 단련되며 산소 섭취량이 늘어나 신진대사가 원활해져 활력이 넘치고, 피부의 호르몬 분비를 향상시켜 피부도 건강하고 아름다워진다.

산나물에는 2차대사에서 생기는 특수 성분이 있다. 식물에는 풍부한 비타민과 미네랄, 미량의 탄수화물, 지방, 단백질 같은 영양분이 포함되어 있는데 이것을 '1차대사물'이라고 한다. 산나물이 인간의 몸속으로 들어와 1차대사를 거치는 가운데 특정한 성분이 화학적 변화를 거쳐 알칼로이드, 배당체, 정유, 수지 등과 같은 다른 특수한 성분이 생기는데 이것이 약효를 나타내는 '2차대사물'이다.

곰취는 대표적인 취나물로, 향이 매우 강하다. 비타민 A 함량이 941 IU로, 배추91 IU에 비해 10배나 많다. 특히 베타카로틴이나 폴리페놀 화합물 등의 미량원소가 풍부하여 발암물질의 활성을 60~80%나 억제한다. 정월 대보름날 아침 오곡밥을 싸서 먹는 '복福쌈'의 재료는 참취이다. 참취는 정상세포가 암세포로 바뀌는 것을 막는 항돌연변이 효과가 있고, 진통·해독·타박상에 약으로 쓰인다. 두릅은 벤조피렌담배 연기 등에 포함이나 트립토판 열 분해물불에 탄 육류에 함유 같은 발암물질의 억제력이 90%나 된다. 우리 주변에서 흔히 보는 달래, 돌미나리, 민들레, 질경이 등에서도 강력한 암 억제 활성이 나타났다.

산나물은 암을 예방할 뿐만 아니라 이미 발생한 암세포의 성장을 막는 작용도 한다. 암세포를 죽이는 독성은 쇠비름이나 참취 등 대부분 산야초의 공통적인 성질이다. 때문에 여러 가지 산나물을 넣은 산채비빔밥은 복합 항암제로 여겨도 된다.

산나물이 가진 또 다른 장점은 살균성과 방부 효과다. 예로부터 우리 선조들은 솔잎이나 떡갈나무 잎이나 맹감나무청미래덩굴 잎을 깔고 떡을 쪄 먹거나 포장을 했다. 떡에 향을 더할 뿐 아니라 방부 효과가 있어 오래 보관할 수 있었기 때문이다. 특정 종류의 식물에 항균 성분이 있다는 것을 경험으로 터득했던 것이다. 강원도 산간 지방의 수리취떡은 대표적인 단오 절기 음식으로, 일반 인절미에 비해 상온에서의 보관 기간이 길다. 쑥에는 '아르테미신 artemisin' 성분이 있는데 이것은 말라리아 치료제로 이용되어 왔다.

산에서 넘어지거나 나무 그루터기 등에 긁히는 등 상처가 났을 때 나뭇잎이나 풀잎 서너 가지를 섞어서 짓이겨 환부에 붙이면 피가 멈추고 덧나지 않는다. 시골 변소에 오동나무 잎이나 은행나무 잎, 고삼 뿌리 등을 뿌려 넣으면 구더기가 생기지 않는 것도 식물의 살균성 때문이다.

달래, 냉이, 곰취, 머위, 씀바귀 같은 나물은 자연이 기른다. 바람, 햇볕, 이슬, 눈비가 기른 자연의 먹거리에는 대지의 풍미風味와 에너지가 있다. 우리의 건강을 지키는 참다운 맛은 혀를 현혹하는 성급한 맛이 아니라, 담박하여 평생 먹어도 질리지 않는 수수한 맛이다. 흔하디 흔한 산나물 한 줌에도 한 생명의 생애가 무겁게 실려 있는 법. 풋풋한 봄나물은 별스러운 양념을 넣지 않아도 신체 리듬을 깨워 활력을 준다. 그 생명력이 바로 나에게 활기를 주는 자연이다.

나물 채취 시기

우리나라는 사계절이 뚜렷한데다 지리적으로 남북으로 길게 뻗어 있어 식물이 싹트는 시기가 지방마다 다르다. 제주도에는 2월에 들어서면 길가 양지바른 곳에 냉이, 쑥, 개불알풀 등이 나오고, 남부지방에서는 2월 말에서 3월 중순, 중부 지방에는 3월 중순 이후, 중부 지방의 높은 지대는 4월이 되어야 새잎이 나온다.

나물 채취 시기는 중부 지방을 기준으로 했을 때, 낮은 지대는 4월 중순~5월 초순, 중간 지대와 높은 지대는 5월 초순에서 5월 하순까지에 채취한다. 6월 이후가 되면 나물이 쇠어 버리며, 아주 높은 산일 경우 6월 초순까지 채취할 수 있다.

요즘은 시설 재배하우스 재배, 수경 재배 등의 농사 기술이 발달하면서 제철이 아닌 때에도 다양한 식품을 구할 수 있다. 하지만 나물이나 채소는 제철에 나오는 것이 가장 맛이 좋고 영양도 풍부하다. 제철식품은 우리의 몸에도 특히 좋은 작용을 한다.

월별로 가장 많이 나는 나물은 대체로 다음의 표와 같다. 물론 지역적 특수성과

날씨에 따라 조금씩 달라질 수 있다.

● **나물 채취 시기** (중부지방 기준. 지형, 날씨 , 채취 부위에 따라 1~2개월의 차이가 난다.)

계절	월	산나물
봄	2	보리순, 돌미나리
	3	개망초, 냉이, 달래, 돌나물, 소루쟁이, 쑥, 쑥부쟁이, 씀바귀, 산죽(조릿대)
	4	곰보배추, 구기자순, 둥글레순, 머위, 민들레, 방풍나물, 엉겅퀴, 원추리, 인동줄기, 음나무순(개두릅), 자운영, 잔대순, 찔레순, 차나무순(녹차 잎), 홑잎나물
	5	고려엉겅퀴(곤드레), 고비, 고사리, 고수, 고추나뭇순, 곰취, 꿀풀, 다래순, 단풍취, 달맞이꽃순, 도라지순, 더덕순, 두릅, 땅두릅(독활), 미역취, 비비추, 오갈피순, 오미자순, 우산나물, 죽순, 참나물, 참당귀, 참죽나물(가죽나물), 참취, 칡순
여름	6	강활(강호리), 갯질경이, 명아주, 쇠무릎(우슬), 쇠비름, 어성초, 질경이, 짚신나물(선학초), 참마 줄기
	7	달맞이꽃, 인진쑥, 칡꽃
	8	배초향(방아잎), 연잎, 왕고들빼기, 차조기
가을		고구마줄기, 고들빼기, 더덕, 도라지, 뚱딴지(돼지감자), 무청, 버섯, 야생갓, 연근
겨울		겨우살이

● **지역 특산 나물**

지역		나물
강원도	설악산	고사리, 곤드레, 곰취, 다래순, 더덕, 더덕순, 얼레지, 취나물
	오대산, 대관령	곤달비, 단풍취, 더덕, 더덕순, 나물, 오갈피순, 우산나물, 참나물, 참당귀 잎
	태백산	곤드레, 곰취, 나물취, 눈개승마, 어수리
경상북도	주왕산	곰취, 비비추, 어수리, 우산나물
	울릉도	눈개승마, 부지깽이나물, 나물(산마늘), 섬더덕, 섬엉겅퀴, 전호
지리산		고사리, 고구마순, 뽕잎, 죽순, 참죽나물(가죽나물), 취, 토란, 토란대
전라북도	덕유산	두릅, 음나무순, 헛개나무순
	대둔산	곰취, 눈개승마, 다래순, 음나무순, 잔대
전남 백아산		고춧잎, 당귀, 반디나물, 음나무순, 참나물, 피나물
제주도 한라산		고사리, 취나물

◆ **4**

나
물
이
용
법

산나물들판의 나물도 포함은 봄철 꽃이 피기 전에 어린순과 잎을 나물로 먹을 수 있다. 많이 자라면 섬유질이 질겨지고 맛과 향이 떨어진다. 나물을 고를 때는 줄기가 연하고 색이 짙은 것이 좋다. 어린잎을 씹어 보아 독하지 않으면 모두 생식할 수 있다. 하지만 산나물이 건강에 좋은 영양소가 많다고 해도 지나치게 많이 생식하면 입안이 헐고 배탈과 설사를 일으키기도 한다.

— 나물은 날것으로 먹는 생채와 끓는 물에 데쳐서 먹는 숙채로 나눌 수 있다. 달래, 미나리, 봄동, 유채, 참나물 등은 생채로도 좋고 숙채로도 좋다. 생채로 먹을 수 있어도 웃자랐거나 아린맛을 낸다면 데쳐서 먹는 것이 좋다. 두릅, 쑥, 원추리, 죽순, 취 등이 그러하다. 잎이 큰 산나물은 가볍게 데쳐서 쌈으로 먹는 것이 좋으며, 여러 종류를 섞어서 먹으면 더욱 맛있다.

— 나물을 데칠 때 소금을 넣어 데치면 나물의 쓴맛과 떫은맛, 미량의 독성을 없앨 뿐만 아니라 영양소 파괴도 줄일 수 있다. 데칠 때는 가볍게 데쳐서 고유의

맛과 향취가 사라지지 않도록 해야 한다.

— 봄나물은 흔히 쌈을 싸 먹거나, 나물 · 국 · 샐러드 등으로 만들어 먹는데 즙을 짜서 주스로 먹어도 좋다. 미나리 · 봄동 · 유채 · 취나물 등 수분이 많은 것이 좋으며, 사과 · 배 · 오렌지 · 딸기 · 바나나 · 파인애플 등의 과일을 곁들여 즙을 내면 더욱 맛이 좋아진다.

산나물 채취 요령

— 산나물은 일반적으로 봄에 채취하는 것이 바람직하다. 이때는 생명력이 솟구치는 시기로, 부드럽고, 떫은맛이 적으며 향취가 뛰어나다.

— 오전 10시 이전, 이슬이 아침 햇살을 받아 증발하고 난 직후가 산나물 채취에 가장 효과적인 때다. 이때의 잎에는 영양성분이 가장 많이 농축되어 있고 활력이 넘친다. 오후에 채취한 산나물은 한나절 사이에 광합성과 생장 활동으로 인해 영양 소모가 늘어나므로 향과 맛이 오전과 다르다.

— 비가 온 뒤에는 2~3일 정도 지나서 채취해야 산성비의 폐해를 막을 수 있다.

— 산나물을 '캔다'라고 표현하지만 대부분은 뜯는 것이다. 쇠붙이가 아닌 손으로 조심스럽게 뜯어야 산나물의 몸통이 다치지 않는다.

— 한 포기에서 조금씩만 뜯어 산나물이 죽지 않게 한다.

— 산나물을 뜯을 때 발밑의 어린순을 밟지 않는다.

— 채취할 때는 항상 자연에 감사하고 조심하는 자세를 가져야 한다.

나물 맛을 살리는 손질법

— 뿌리 종류는 먼저 흙을 칼로 긁어내고 흐르는 물에 씻는다.

— 씀바귀처럼 쓴맛이 강한 나물은 연한 소금물이나 맹물에 담그거나 오랫동안 주무르면 쓴맛이 빠진다. 굵은소금으로 바락바락 주물러 씻는 것도 한 가지 방법. 씀바귀는 데쳐도 좋지만 생으로 먹어도 맛있다. 쓴맛이 많이

나므로 고추장에 식초나 설탕 등을 넣어 강한 양념으로 무쳐야 한다.

— 쑥은 물에 닿는 즉시 짓무르기 시작하므로 조리하기 직전에 씻는다. 향이 지나치게 강하고 억세다면 소금물에 살짝 데쳐서 찬물에 담가 쓴맛을 다스린다.

— 금방 수확한 두릅은 줄기가 단단하고 쓴맛도 강하므로 통째로 찬물에 1~2시간 담갔다가 먹는 것이 좋다. 찬물에 씻은 뒤 밑동에 칼집을 넣고 소금을 약간 넣고 끓는 물에 파르스름하게 데친 뒤 바로 찬물에 헹군다. 자르지 않고 데쳐야 영양소 파괴가 적다.

— 돌나물은 질감이 연하고 풋내도 많이 나므로, 섬세하게 다루어야 한다. 물에 씻을 때는 채반에 담아 물속에 담갔다가 꺼내는 식으로 씻어야 풋내가 나지 않는다. 젓가락으로 살살 씻는 것도 좋은데, 수압이 센 물에서 씻는 것은 피해야 한다.

| 산나물을 채취할 때 주의할 점

— 확실하게 알지 못하는 식물은 채취하지 않는다.

— 흔한 산나물부터 식용한다.

— 한 종류만 한꺼번에 많이 먹으면 부작용이 일어나기 쉽다. 모든 식물은 독초가 아니라도 약간의 독성을 지니고 있다.

— 두릅 · 고사리 · 원추리 · 다래나무순 등은 데쳐서 먹어야 한다. 식중독을 일으키는 미량의 독성이 데치는 과정에서 독소가 파괴된다. 특히 원추리는 데치지 않고 먹으면 콜히친 Colchicine이란 독성이 있는데, 잎이 성숙할수록 독성이 강해지므로 어린순만 섭취한다.

— 독초는 초봄에 다른 식물보다 빨리 성장하여 꽃도 빨리 피고 열매도 빨리 맺는다. 앉은부채 · 현호색 · 괴불주머니 · 박새 등 고산지대에 서식하는 종류를 제외하고는 여름이 오기 전에 잎이 소멸하는 특징이 있다.

— 독초는 들보다는 산에서 많이 자란다. 들판에는 애기똥풀 · 현호색 · 꽈리 등 몇 종류에 불과하므로 나물을 자세히 모른다면 들판에서 채취하는 것이 안전하다.

— 독초는 잎이나 줄기를 혀에 살짝 댔을 때 톡 쏘는 맛이 나고, 피부에 묻었을 때

가렵고 따갑거나 반점이 생긴다.

— 일반적으로 독초는 생김새나 빛깔이 불쾌감을 준다. 식물에 상처를 내면 불쾌한 냄새와 짙은 빛깔의 즙액이 나온다.

— 독초를 먹었을 때는 먹은 것을 빨리 토해 내고 뜨거운 물을 마신 뒤 가능한 한 빨리 병원에서 치료 받아야 한다.

— 이름에 '나물'이란 말이 있어 먹을 수 있는 나물로 착각하는 독초가 많다. 삿갓나물, 요강나물, 동의나물, 젓가락나물, 윤판나물, 피나물, 개발나물, 대나물 등이 그렇다.

— 독성이 강한 풀이지만 눈으로 보면 식용 나물과 비슷한 것이 많다. 박새, 앉은부채, 은방울꽃 등이 대표적이다.

●**닮아서 구분하기 어려운 독초와 나물**

독초	식용 나물
개구릿대	참당귀
동의나물	곰취
미치광이풀(새순)	비비추
박새	산마늘
삿갓나물	우산나물
은방울꽃	산마늘
털머위	머위

— 독버섯은 여름철부터 가을까지 나는데, 색깔과 모양이 화려하고 손으로 만지거나 열을 가하면 쉽게 부스러진다.

— 식용이라 하더라도 모든 자연산 버섯에는 미량의 독이 들어 있으므로 채취한 뒤 곧바로 먹으려면 삶을 때 굵은 소금을 넣어 중화한다.

— 어떤 병 증상에 어떤 산나물이 좋다는 식의 약효에 집착하지 않는 것이 좋다. 여러 가지 산나물을 골고루 먹다 보면 저절로 치유 효과가 나타난다.

5

산나물로 담그는 김치

**세계 각국의
김치 행사를 통해 확인한
김치의 무한 가능성**

김치의 효능이 과학적으로 검증되면서 세계인의 건강식품으로 인정받고 있다. 전 미국 대통령부인 '미셸 오바마'가 김치를 직접 담가 먹는다고 알려져 김치의 위상이 높아지기도 했다.

필자는 최근 몇 해 동안 영국, 프랑스, 중국, 몽골 등지에서 한식세계화의 일환으로 김치 교육을 할 기회가 있었다. 그때 만난 우리 동포들에게 있어 김치 맛은 몸이 기억하는 모국어였다. 질긴 인연으로 엮인 피붙이처럼, 오랫동안 먹지 않았다고 잊히는 음식이 아니었다. 또한 각 나라와 민족의 음식 문화 속에서 김치의 무한 가능성을 발견한 것은 대단한 수확이었다. 일일이 재료를 들고 갈 수 없는 먼 이국땅에서 그 지역의 특산 채소와 과일로 충분히 김치를 담글 수 있었고, 김치를 통해 우리의 정체성을 확인할 수 있었다.

그 경험을 몇 줄 적는다.

#1 　우즈베키스탄의 타쉬겐트에서 교회를 방문한 적이 있다. 교회 간판은 물론 십자가 하나 보이지 않는 허술한 시골 농가였다. 전등도 없는 어두컴컴한 방에 70~80대 할머니 20여 분이 고국에서 온 우리를 기다리고 있었다. 누런 갱지의 성경책에는 러시아어, 우즈베키스탄어, 한국어가 쓰여 있었다. 할머니들의 주름만큼 오래된 책들이 팍팍했던 삶의 증거처럼 느껴졌다. 친정이 잘살면 소문만 들어도 힘이 나는 것처럼, 할머니들은 모국의 발전에 대해 놀라워하고 고마워했다.

　예배가 끝나고 소박한 밥상이 차려졌는데 그 한가운데 김치가 놓여 있었다. 연해주에서 이곳까지 강제 이주 당한 어려움 속에서, 한국말을 모르는 3대까지 목숨을 연명하게 한 것이 김치라고 했다. 내륙 지방이라 젓갈은 없고, 물김치에서 배추만 건져 놓은 것 같은 김치를 우즈베키스탄 사람들은 '고려인김치'라고 했다. 홍고추와 마늘, 소금만 넣은 불그스름한 김치 한 조각을 입에 넣는 순간 목이 메었다. 힘없고 가난한 역사에 휘둘려 이곳까지 끌려와 살면서 매번 한국인임을 확인하게 한 것이 김치였음에 세계 각국에서 어렵게 살아온 우리 동포들을 잊고 살아온 것이 미안하고, 이제 살 만해졌는데도 모른 척한 것이 미안하여 대책 없이 눈물이 났다.

#2 　몇 년 전 미국 워싱턴 행사 때였다. 일정에 없던 김치 전시 프로그램이 갑자기 기획되는 바람에 일행 중 한 분이 친지에게 주려고 가져간 묵은지까지 꺼내놓게 되었다. 70대 중반쯤 되는 할머니가 랩을 씌워 놓은 묵은지를 가리키며 "저 김치 내가 살게요" 하신다. "죄송합니다. 이 김치는 전시용이라 팔 수 없습니다."라고 하니 아쉬움이 가득한 얼굴로 고개를 주억거리며 돌아서신다. 잠시 뒤 할머니가 돌아와 새끼손가락 첫 마디를 들어 올리면서 "그러면 이만큼만 맛볼 수 있어요?" 하시는 것이었다.

　그분의 간절한 눈빛을 외면하지 못하고 랩 한 모퉁이를 들어 올려 김치를 한 조각 잘라 드렸다. 김치 조각을 입에 넣고 몇 발자국 가던 할머니가 발걸음을 멈추었다. "그래! 바로 이 맛이야. 내가 열아홉 살 때 목포에서 먹었던 그 김치 맛이야!"

아, 나는 또 울고 말았다. 뜨거운 것이 등줄기를 확 훑어 내렸다. 50년 이상을 미국에서 사신 분이 열아홉 살 김치 맛을 기억하고 있다니……. 김치는 추억이고 고향이며 어머니이자, 온몸의 세포 하나하나가 기억하는 맛의 원천이었다.

'김치 전도사'로 세계로 나갔을 때, 배추를 구경하기 어려운 터키에서는 가지색이나 분홍색의 무김치를, 지구 반대편 페루에서는 애플망고와 오크라로 과일 김치를 담갔다. 물론 양념은 한국식으로. "그것도 김치냐?"라고 묻는다면 현지 식재료 활용 없이는 김치 세계화도 없다고 대답할 수밖에. 우리 조상들이 물려준 창의성은 어느 날 갑자기 나온 아이디어가 아니라 '자원의 부족함에서 나온 궁여지책窮餘之策'의 소산이다.

산나물로 만드는 색다른 김치

지금까지 산나물은 주로 숙채, 쌈, 생채, 묵나물 등으로 먹었다. 사찰에서는 텃밭 채소가 귀한 계절에 산나물로 김치를 담가 먹었는데, 몇 종류로 한정되어 있었다.

● 전국 유명 사찰의 나물 김치

사찰 이름		나물 김치
강원도	설악산 신흥사	참나물김치, 취나물김치
	오대산 상원사	
충청남도	개운사	돌나물김치, 머위김치
경상남도	진주 의곡사	우엉김치
	양산 통도사	가죽김치(참죽나물김치), 가죽생채(참죽나물생채), 두릅김치
	합천 해인사	불뚝김치(상추김치), 고수무침
부산	범어사	씀바귀김치
전라북도	금산사	돌미나리김치, 돌미나리생채
전라남도	흥국사	민들레잎김치
	송광사	연근물김치, 죽순김치

국제식품규격위원회Codex는 김치에 대해, '주원료인 배추를 절임하여 여러 가지 양념류를 혼합하여 젖산 생성에 의한 적절한 숙성과 보존성이 확보되도록 저온에서 발효된 제품'이라고 정의하고 있다. 우리가 식용하는 식물은 잎, 줄기, 뿌리 등 거의 모두 김치 재료가 된다. 따라서 우리가 먹는 산야초는 대부분 김치, 생채, 물김치, 샐러드, 나물로 먹을 수 있다.

이 책에서 소개하는 산나물 김치는 산나물의 약리적 효능에 김치의 효능이 더해진 우수한 건강식이라 할 수 있다. 다만 산나물 특유의 향과 맛이 재배 채소보다 강하므로 처음에는 거부감이 있을 수도 있다. 처음에는 물김치 위주로 담가 먹고, 평소 자주 먹는 취나물·미나리·도라지·더덕 등으로 담가 먹다가 점차 다양한 나물로 폭을 넓히는 것이 좋다.

산나물 김치는 재료의 선택에 따라 맛이 좌우된다. 어떤 것은 미끈거리거나 쉽게 무르고, 쓰고 떫어 역겨운 맛이 나는 것과 비위를 상하게 하는 독특한 향취가 있다.

김치용으로는 쓴맛과 떫은맛이 강하지 않은 부드럽고 순한 성질의 산나물이 좋다. 가장 흔하게 먹는 냉이, 달래, 취, 산부추, 씀바귀, 무릇 등이다. 예전에는 고들빼기, 돌나물, 별꽃, 쇠별꽃, 원추리, 참나물, 황새냉이 등으로 김치를 담가서 먹었다는 기록이 있다. 몇 종류의 산나물을 섞어 김치물김치를 담그면 독특한 맛을 즐길 수 있다.

산나물로 김치를 담글 때는 물김치가 특히 잘 어울리는데, 산나물의 잎을 씹어 보아 거부감이 없으면 재료로 적합하다. 물김치를 담글 때 잘게 썰어 유익한 성분들이 충분히 우러나오도록 숙성시키면 훌륭한 건강식품이 된다. 다소 질긴 성질을 지닌 산나물은 잘게 찢거나 썰어 물김치를 담그면 향미가 진한 별미김치가 된다. 독특한 풀냄새가 거북하다면 생강, 마늘, 고추 등을 넉넉히 넣고 배추와 무를 섞어 담그면 맛이 좋아진다. 산나물에는 쓴맛과 떫은맛이 강한 것이 많아 충분히 절여서 거북한 향과 맛을 다스리는 것이 중요하다. 발효 숙성되면서 맛이 변하기도 하니 먼저 조금씩 담가 먹어 보고 자신의 입맛에 맞는 맛을 찾아내는 것이 중요하다.

사찰에서는 오래전부터 노스님과 노약자를 위한 '익선김치'가 있었다. 소금에 절이지 않고 끓는 물에 데쳐 즉시 먹을 수 있도록 배려한 것으로, 일반 김치와는 다른 독특한 맛을 낸다. 이 책에서는 산나물의 특성을 고려하여, 데친 나물로 담근 익선김치도 산나물 김치에 포함한다.

지역별 김치 양념의 특징

우리나라는 남북으로 길게 뻗어 있어 지리적 위치에 따라 기후풍토가 매우 다르다. 따라서 지역에 따라 생산물과 생활풍습에 차이가 있고, 재료와 사용법, 저장법이 다르다. 지역에 따른 김치의 특징은 소금 사용량, 젓갈 종류와 분량, 고추 사용의 형태와 분량, 부재료의 종류 등에 따라 결정된다.

황해도, 평안도, 함경도

북한 김치는 조기젓과 새우젓을 사용하고 김치 소는 적게 넣으며 고춧가루를 많이 넣지 않는다. 국물은 소고기 육수에 소금으로 간을 맞추기 때문에 시원하고 감칠맛이 있어 냉면 국물로 쓰인다. 황해도는 고수와 분디를 써서 김치를 담는 것이 특징이다.

서울, 경기도, 충청도

같은 서해안에 접하고 있고 기후 차이도 크지 않고 김치 맛이 비슷하다. 싱겁지도 짜지도 않은 중간 정도로, 새우젓·황석어젓·조기젓 등 비린내가 적고 담백한 젓갈을 주로 사용한다.

강원도

산간과 해안으로 나뉘며, 소박한 김치가 많다. 배추김치는 새우젓국물과 멸치젓 국물로 살짝 절인다. 생오징어를 채 썰어 넣기도 하고, 꾸덕꾸덕 말려서 잘게 썬 생태에 소를 버무려 배춧잎 사이에 켜켜이 넣어 시원한 맛을 내기도 한다.

전라도, 경상도

남부지방에서는 빨리 시는 것을 막기 위해 김치 속을 적게 넣고. 고춧가루와 젓갈, 마늘, 소금을 많이 넣어 맵고 짜게 담그는 것이 특징이다. 젓갈 역시 강한 멸치 젓, 갈치속젓을 주로 사용한다.

양념에 쓸 수 있는 다양한 효소 발효액

효소는 동물, 식물 및 미생물에 이르기까지 모든 생물에 광범위하게 존재하며 생명 현상을 유지하기 위한 필수적인 존재이다. 또한 생명체 내부의 생화학 반응을 매개하는 단백질 촉매로 생명을 유지해 주는 기능을 한다. 효소는 작용에 따라 소화효소와 대사효소로 나뉜다. 소화효소는 음식물의 영양소를 체내로 흡수할 수 있는 형태로 분해하는 효소이고, 대사효소는 섭취한 영양소를 인체에 필요한 에너지로 만들거나 인체의 여러 가지 기능과 작용을 행하는 것이다. 체내 효소가 부족해지는 원인은 신진대사를 재촉하는 기름진 음식과 고단백 식품, 스트레스, 과로 등으로 체내 효소를 빨리 소모시켜 수명을 단축시키는 결과가 된다. 체내 효소를 늘리려면 김치, 장류, 젓갈, 효소 발효액 등을 섭취하는 것이 좋다.

효소발효액은 산야초나 채소, 과일 등 우리 주변에서 구할 수 있는 식재료로 만들 수 있다. 효소발효액을 만들 때는 주재료, 물, 설탕꿀, 올리고당 세 가지가 필요하다. 발효 촉매제 역할을 하는 설탕은 유기농 설탕이 가장 좋으나 백설탕도 많이 사용한다. 설탕의 양은 보통 식재료와 1 : 1 비율로 하지만 재료마다 수분 함량이 다르므로

그때그때 다르게 한다. 효소발효액은 담근 지 13개월이 지나면 단당설탕이 다당화되어 설탕의 폐해가 사라진다.

고추 효소발효액

고추의 매운맛 성분인 캅사이신은 강력한 살균·항균 작용으로 감기 예방과 비만 방지, 소화 촉진, 대장암 예방, 피부 노화 예방 등의 효과를 발휘한다. 효소용 고추는 청양고추를 쓰는 것이 좋은데, 효소가 되면 매운맛이 순해지고 매콤하고 달콤한 맛이 난다. 반찬을 만들 때나 산나물 김치를 담글 때에 활용하면 좋다. 고들빼기 김치, 씀바귀 김치, 민들레 김치, 취나물김치 등에 어울린다.

매실 효소발효액

매실은 3독三毒인 음식물의 독, 혈액의 독, 물의 독을 없앤다’라고 할 만큼 살균력이 뛰어난 과실이다. 매실에 많이 함유된 구연산은 피로 해소, 숙취 해소는 물론 식품의 부패를 막고 식중독을 예방하는 천연 항생제 역할을 한다. 매실액은 맛이 새콤하므로 달래, 돌미나리 등의 생채 양념에 잘 어울린다.

딸기 효소발효액

딸기는 비타민 C와 식이섬유가 풍부하여 다이어트에도 좋은 식품이다. 비타민 B군의 일종인 엽산도 많아 치매를 예방하고, 구강암과 식도암을 예방하는 항산화 효과가 크다. 달콤하고 매혹적인 붉은색의 딸기 발효액은 달래, 유채, 미나리 등의 양념에 넣으면 맛과 향을 더해 준다.

오미자 효소발효액

오미자는 위산의 분비량을 조절하고, 간의 해독 작용, 만성적인 기침과 천식에 좋은 식품이다. 오미자의 새콤한 맛은 유기산으로, 다른 효소에 비해 신맛이 강하므로 부드럽고 담백한 봄나물에 잘 어울린다. 취나물, 냉이, 원추리, 방풍나물은 끓는 물에 살짝 데쳐서 고추장이나 된장양념으로 무쳐 먹는데, 이때 오미자 효소발효액을 넣으면 상큼한 맛을 즐길 수 있다.

복분자 효소발효액

복분자覆盆子는 '요강이 뒤집히는 열매'라는 의미로 산딸기의 한 종류이다. 남성의 성기능 관련 호르몬인 테스트로겐과 여성호르몬인 에스트로겐도 풍부하게 들어 있다. 복분자의 새콤한 맛은 유기산으로, 체력 증진에도 좋다. 복분자 발효액은 검붉은 보랏빛으로 달콤한 맛과 향의 약간의 신맛이 난다. 세발나물, 두릅 양념에 잘 어울린다.

유자 효소발효액

유자의 과즙은 신맛이 강한데 풍부한 비타민 C는 콜라겐의 합성, 활성산소 제거 등 강력한 항산화 · 항스트레스 작용을 한다. 돌나물로 생채, 원추리 나물에 잘 어울린다.

쑥 효소발효액

비타민 A, 무기질이 풍부한 쑥은 피를 맑게 하고 면역력을 강화하는 인체의 항체 능력을 높여 주어 식용과 약용으로 두루 쓰여 왔다. 이른 봄에 솟아난 부드럽고 연한 잎줄기가 가장 맛있다. 씁쓸한 맛이 은은하게 돌면서 개운한 맛이 식욕을 돋운다.

생채소와 어울리는 소스

① 사과고추장 소스 : 무침, 겉절이, 냉채, 초절이 등

    재료 사과 간 것 · 고추장 · 식초 3큰술씩, 꿀 2큰술, 다진 파 1큰술, 다진 마늘 1작은술

② 액젓 소스 : 생채겉절이, 무침 등

    재료 멸치액젓 2큰술, 송송 썬 쪽파 1큰술, 맛술 1큰술, 다진 새우젓 1작은술, 마늘채 1작은술

③ 깨즙 소스 : 무침, 냉채, 겉절이, 샐러드 등

    재료 참깨 3큰술, 물 3큰술, 간장 1큰술, 참기름 1큰술

④ 간장 달래 매실청 소스 : 샐러드, 무침, 냉채 등

    재료 진간장 3큰술, 매실청 3큰술, 송송 썬 달래 1큰술, 통깨 1큰술, 다진 마늘 1작은술

⑤ 두유연겨자 소스 : 샐러드, 냉채 등

    재료 두유 ½컵, 들깨가루 2큰술, 식초 2큰술, 연겨자 1큰술, 올리브유 1큰술, 올리고당 1큰술,

        소금 약간

데친 채소와 어울리는 소스

① 된장 소스 : 무침, 찜, 조림 - 취나물, 냉이, 비름

    재료 된장 2큰술, 다진 파 1큰술, 다진 마늘 ½작은술, 깨소금 1큰술, 국간장 1큰술, 꿀 1큰술,

        참기름 1작은술

② 들깨 소스 : 무침, 찜 - 고사리, 머위대, 취나물

    재료 들깨가루 3큰술, 생수 2큰술, 들기름 1큰술, 다진 파 1큰술, 다진 마늘 1작은술,

        물엿 1작은술

④ 잣꿀 소스 : 무침 - 더덕, 고사리, 우엉, 연근, 도라지

    재료 잣가루 3큰술, 물 3큰술, 간장 1작은술, 꿀 1작은술, 소금 약간

⑤ 고추장 소스 : 맛이 강하고 쓴맛 나는 나물 - 씀바귀, 두릅, 머위 잎, 원추리

재료 고추장 3큰술, 식초 2큰술, 설탕 ½큰술, 생강즙 ½큰술, 다진 파 1큰술, 다진 마늘 1작은

술, 참기름 1작은술, 통깨 1작은술

두
번
째

산나물 김치 담그기

개망초 김치

맛있는 때 | 3~5월

재료

개망초 ··· 300g
절임(천일염 1큰술)
청·홍고추 ··· 1개씩
쪽파 ··· 2뿌리

양념

고춧가루 ··· 3큰술
멸치액젓 ··· 3큰술
들깨풀(물 ½컵 + 들깨가루 · 찹쌀가
루 1큰술씩) ··· 3큰술
다진 마늘 ··· 1큰술
간장 ··· 1작은술
매실청 ··· 1큰술
통깨 ··· 1큰술
소금 ··· 약간

만드는 법

1__ 개망초 연한 잎줄기를 채취하여 소금을 뿌려 20분간 절인 뒤 가볍게 헹구어 물기를 뺀다.

2__ 청·홍고추는 어슷하게 썰고, 쪽파는 3cm 길이로 썬다.

3__ 분량의 재료를 한데 넣고 잘 섞어 김치 양념을 만든다.

4__ ①의 개망초, 고추, 파를 한데 담고 양념을 넣어 가볍게 버무린다. 실온에서 3~4시간 숙성시킨 뒤 냉장고에서 익혀서 먹는다.

TIP 성숙한 개망초의 생장점을 잘라 담갔다. 봄에 한 뼘 안 되게 자랐을 때 향기와 맛이 제일 좋다.

山菜

개망초가 처음 이 땅에 들어왔을 때 이름은 '핑크 플리베인'이었다고 한다. 원예용이었다가 화려한 꽃들에 밀려 여름 들판을 연분홍 또는 하얗게 수놓는 야생초가 되어 '가난뱅이풀'이라는 별명이 붙었다. 전국 어디서나 잘 자라는데 어린순의 향취가 꽤 산뜻하고, 데쳐서 나물로 먹으면 부드럽고 달큰한 맛과 향기가 웬만한 나물 못지않다. 이른 봄부터 꽃 필 때까지 채취해 먹을 수 있다.

개미취 김치

맛있는 때 | 4~5월

재료

개미취 ··· 300g
절임(천일염 ½큰술)
청·홍고추 ··· 1개씩
쪽파 ··· 2뿌리

양념
고춧가루 ··· 3큰술
멸치액젓 ··· 2큰술
새우젓 ··· 2큰술
들깨풀(물 ½컵 + 들깨가루 · 찹쌀가
루 1큰술씩) ··· 3큰술
다진 마늘 ··· 1큰술
간장 ··· 1작은술
매실청 ··· 1큰술
통깨 ··· 1큰술
소금 ··· 약간

만드는 법

1__ 개미취는 흐르는 물에 씻어 소쿠리에 건져 물기를 털어 낸다.

2__ 멸치액젓에 새우젓 건지를 다져 넣고 섞어서 개미취에 골고루 뿌려 2~3회 뒤적인 뒤 20분간 절인다.

3__ 씨를 제거한 홍고추는 어슷 썰고, 쪽파는 1㎝ 크기로 송송 썬다.

4__ ②의 절임 액젓을 볼에 따라 내어 양념 재료를 넣고 양념을 만든다.

5__ 양념장에 절인 개미취와 ③의 채소를 넣고 버무린다. 실온에서 3~4시간 숙성시킨 뒤 냉장고에서 익혀서 먹는다.

山菜

개미취는 어린순을 나물로 먹고 뿌리를 '자완紫菀'이라는 한약재로 쓰며, 꽃은 관상용으로서의 가치가 크다. 한 뼘 정도 자란 순을 데쳐 나물로 무쳐 먹거나 묵나물로 만들어 먹고, 초가을에 피는 꽃은 말려서 차로 우려먹는다. 나물은 다른 취나물류와는 달리 향이 강하지 않다. 개미취 뿌리와 뿌리줄기의 약리 실험에서 암세포 억제 작용, 항균 작용, 거담 작용이 밝혀졌다. 한방에서 주로 천식, 기침, 가래를 가라앉히는 데 다른 약재와 함께 처방한다.

고수 물김치

김치 만드는 데 파를 섞으니 몇 갑절 그윽하다

권세가의 보배롭고 호화롭게 쌓인 산해진미 부럽지 않다.

- 권두경(1654~1726), 『창설재집蒼雪齋集』 권6

재료

고춧가루 ··· 3큰술
고수 ··· 200g
대파 ··· ½대
홍고추 ··· 1개
마늘 ··· 3쪽
생강 ··· ½톨

김칫국물

고춧가루 ··· 2큰술
배즙 ··· 2큰술
물 ··· 5컵
설탕 ··· 1큰술
소금 ··· 2·½큰술

만드는 법

*1*__ 고수는 손질하여 씻어서 소쿠리에 밭쳐 둔다.

*2*__ 대파는 3.5㎝ 길이로 가늘게 채 썰고, 홍고추는 씨를 빼고 대파와 같은 길이로 가늘게 채 썬다.

*3*__ 마늘, 생강도 곱게 채 썬다.

*4*__ 면보에 고춧가루를 넣고, 분량의 물에 넣고 주물러 붉은 고춧물을 만든 뒤, 배즙을 넣고 설탕과 소금으로 간하여 김칫국물을 만든다.

*5*__ 김치통에 고수, 대파, 홍고추, 마늘, 생강을 넣고 김칫국물을 붓고 실온에서 4~5시간 정도 두었다가 냉장 보관하고 먹는다.

山菜

고수 중국에서는 '향채香菜'라 하여 대부분의 음식에 넣어 먹는다. 베트남에서는 쌀국수에 고수를 생으로 듬뿍 넣는다. 유럽에서는 소스를 만드는 데 향료로 사용한다. 짙은 향 때문에 많은 사람들이 꺼리지만 비타민과 미네랄이 매우 풍부하다. 생선이나 고기로 인한 몸속 독소와 중금속 제거 효과가 크고, 위장장애를 개선한다. 고수 씨앗은 식중독균을 제거하는 효과가 크다.

한 치 뒷산의 곤드레 딱죽이 임의 맛만 같다면 / 올 같은 흉년에도 봄 살아나네 /

아리랑 아리랑 아라리요 아리랑고개로 날 넘겨주게 // 곤드레 맹드레 늘어진 골에 /

당신은 나를 뜯고 / 나는 골 비벼 단둘이나 가자 / 아리랑 아리랑 아라리요 아리랑고개로 날 넘겨주게.

- 「정선아리랑」

곤드레 김치

맛있는 때 | 5~6월

재료

곤드레잎 ⋯ 300g
배추속대 ⋯ 200g
절임(천일염 ⅓컵 + 물 5컵)
당근 ⋯ ¼개
쪽파 ⋯ 3줄기

양념
고춧가루 · 멸치액젓 ⋯ ½컵
다진 마늘 ⋯ 2큰술
다진 생강 ⋯ 1작은술
설탕 ⋯ 1작은술
통깨 ⋯ 1큰술씩
단호박풀 ⋯ ½컵(물 ½컵 + 삶아
으깬 단호박 · 찹쌀가루 1큰술씩)
소금 ⋯ 약간

만드는 법

1__ 배추속대는 길이로 길게 잘라 먹기 좋은 크기로 잘라 썰고, 곤드레도 씻는다.

2__ 곤드레와 배추를 30분 정도 절여서 한 번만 헹구어 체에 밭쳐 물기를 뺀다.

3__ 당근은 채 썰고, 쪽파는 3㎝ 길이로 썬다.

4__ 분량의 재료를 섞어 김치 양념을 만든다.

5__ 곤드레 잎과 배추에 김치 양념을 넣어 버무린 뒤 당근과 쪽파를 넣고 부족한 간은 소금으로 맞춘다. 실온에서 3~4시간 숙성시킨 뒤 냉장고에서 익혀서 먹는다.

山菜

곤드레의 정식 이름은 '고려엉겅퀴'이지만 대부분 '곤드레'로 부른다. 큰 잎이 바람에 이리저리 흔들리는 모습이 술에 취해 곤드레만드레하는 몸짓과 비슷해 붙여졌다고 한다. 강원도 동북부 지방에서 어린순을 나물로 먹는데, 키가 많이 자라도 잎줄기가 연하여 봄에서 여름까지 유용하다. 데쳐서 무치거나 볶거나 된장국을 끓이며, 말려서 묵나물로 이용하는데, 제철에 삶아서 먹어도 부드럽고, 말려서 묵나물로 먹어도 은은한 향기와 부드러운 맛이 좋다. 햇나물이나 묵나물 모두 곤드레밥을 지어 먹을 수 있다. 봄철 춘궁기에 강원도 산골짜기 화전민들이 먹던 나물밥이 요즘 값비싼 별식으로 대접받는다. 단백질 · 인 · 비타민 · 무지질 등의 영양분이 풍부하다.

곰취 김치

곰취에 쌈을 싸고 김으로도 쌈을 싸 / 온 집안 어른 아이 둘러앉아 함께 먹네.

세 쌈을 먹으면 서른 섬이라 부르니 / 올 가을엔 작은 밭에도 풍년이 들겠지.

- 김려, 『상원리곡 上元俚曲』

재료

곰취 ··· 300g
절임(천일염 2큰술 + 물 1컵)
양파 ··· ½개
홍고추 ··· 1개
대파 ··· 1대
마늘 ··· 5쪽
생강 ··· 1톨

양념

들깨풀(물 ½컵 + 들깨가루·찹쌀가루 1큰술씩) ··· ½컵
고춧가루·멸치액젓 ··· 3큰술씩
새우젓·통깨 ··· 1작은술씩
소금 ··· 약간

만드는 법

*1*__ 곰취는 흐르는 물에 씻어서 소금물에 30분간 절였다가 가볍게 헹구어 물기를 뺀다.

*2*__ 들깨풀을 쑤어 차게 식혀 놓는다.

*3*__ 양파는 가늘게 채 썰고, 홍고추는 씨를 빼고 3cm 길이로 채 썬다. 대파도 3cm 길이로 곱게 채 썬다.

*4*__ 마늘, 생강도 곱게 채 썬다.

*5*__ 분량의 양념 재료를 잘 섞은 뒤 ③의 양파, 고추, 대파, 마늘, 생강을 넣고 골고루 섞어 김치 양념을 만든다.

*6*__ 곰취를 2장씩 겹치고 양념을 골고루 발라 켜켜이 통에 담는다. 실온에 3~4시간 두었다가 냉장고에서 숙성시켜 먹는다.

山菜

곰취는 곰이 먹는 식물이라 하여 한자로 '웅소熊蔬'라고 한다. 곰취는 여러 가지 음식과 어울리는데, 특히 삼겹살 등 고기를 구워 먹을 때 쌈을 싸서 먹으면 독특한 향이 입 안 가득 퍼지고 씹는 질감이 톡톡하여 잘 어울린다. 데쳐서 들기름 양념에 볶아 먹어도 좋고, 된장국, 전, 장아찌 재료로도 손색이 없다. 곰취 김치는 맛과 향이 독특하여 별미 김치로 손꼽힌다.

구와취 샐러드

맛있는 때 | 5월

재료

구와취 … 300g
홍고추 … 1개
콜라비 … 50g
아마씨 가루 … 1큰술

잣 소스

잣가루 … 3큰술
파인애플즙 · 식초 · 올리브유 … 1큰술씩
매실청 … 2큰술
소금 … 약간

만드는 법

1__ 구와취는 잎을 가닥가닥 떼어 흐르는 물에 씻어 물기를 털어 낸다.

2__ 콜라비는 골패 모양으로 썰고 홍고추는 씨를 빼고 굵게 다진다.

3__ 분량의 재료를 모두 섞어 잣 소스를 만들어 냉장실에 넣어 차게 한다.

4__ 먹기 직전에 구와취, 콜라비, 홍고추를 잣 소스에 버무린 뒤 볶은 아마씨 가루를 뿌려 낸다.

山菜

구와취는 잎이 국화의 잎을 닮은 데서 붙여진 이름이며, 강원도 산간에서 봄철 어린순을 나물로 먹으며, 말려서 묵나물로도 이용한다. 참수리취, 쇠수리취, 북서덜취로도 불린다.

는쟁이냉이 겉절이

맛있는 때 | 3~5월

재료

는쟁이냉이 ··· 300g
사과 ··· ½개
홍고추 ··· 1개
쪽파 ··· 2뿌리

양념

고춧가루 ··· 3큰술
국간장 · 액젓 ··· 1큰술씩
다진 파 ··· 1큰술
참기름 ··· 1큰술
쌀조청 · 통깨 ··· 1작은술씩
소금 ··· 약간

만드는 법

1__ 는쟁이냉이는 다듬어 깨끗이 씻어 물기를 제거하여 먹기 좋은 크기로 자른다.

2__ 사과는 골패 모양으로 썰고, 홍고추는 몸통 모양을 살려 둥글게 썰고, 쪽파는 송송 썬다.

3__ 분량의 재료를 골고루 섞어 양념을 만든다.

4__ 는쟁이냉이, 사과, 고추, 쪽파를 한데 담고 양념을 넣어 가볍게 버무린다.

TIP 나물은 시간이 지나면 수분이 나와 싱거워지므로 처음에는 간을 조금 강하게 한다.

山菜

는쟁이냉이 높은 지대 계곡에서 자라는데, 매운맛이 있어서 '산갓'이라고도 부른다. 봄에 연한 잎과 줄기를 생으로 먹거나 데쳐서 나물로 이용한다. 물김치를 담가 먹기도 한다. 5월에 꽃이 피면 매운맛이 사라지므로 특유의 향취를 맛보려면 꽃이 피기 전에 이용한다.

단풍취 들깨 겉절이

맛있는 때 | 4~5월

재료

단풍취 ··· 200g
배 ··· 60g
노랑 · 빨강 파프리카 ··· ½개씩

들깨 드레싱

들깨가루 · 간장 · 식초 · 설탕 · 올리
브유 ··· 2큰술씩
매실청 ··· 1큰술
들기름 ··· ½큰술
소금 ··· 약간

만드는 법

1__ 단풍취는 손질하여 씻어서 체에 밭쳐 둔다.

2__ 배는 2×5㎝ 크기의 골패 모양으로 썬다.

3__ 파프리카도 씨를 빼고 배와 같은 크기로 썬다.

4__ 분량의 재료로 섞어 들깨 드레싱을 만든다.

5__ 단풍취, 파프리카, 배를 한데 담고 들깨 드레싱을 끼얹으면서
가볍게 섞어 접시에 담는다.

山菜

<u>단풍취</u> 잎이 단풍잎을 닮아 단풍취라고 부른다. 아주 어린순은 뽀얀 솜털
을 쓰고 나오는데 모양이 게의 집게발을 닮아 '게발딱주'라고도 한다. 자라
면서 솜털은 없어지고 잎이 반들거리는데 나물 생김새가 고급스럽다. 경
상도 지방에서는 강원도 곰취 만큼이나 고급 산채로 반긴다.

닭의장풀 샐러드

어둠이 살피는 소리는 아름답다 / 한 낭떠러지 높이 서서 / 가 버린 사람을 기다릴 때 /

어둠은 가다 멈칫 곁에 와 / 오래 살펴두었던 마을을 보여 주고 / 손 가득 달개비 노란 뜰로 이끌고 간다.

- 박태일, 「달개비」

재료

닭의장풀 ··· 300g
배 ··· 50g
적양배추 ··· 30g
청피망 ··· ¼개
주황 · 노란파프리카 ··· ¼개씩

겨자 소스

연겨자 ··· 1 · ½큰술
맛술 · 매실청 · 식초 · 레몬즙 ··· 2 큰술씩
마늘 · 깨 ··· 1큰술씩
소금 ··· ½큰술

만드는 법

*1*__ 닭의장풀을 손질하여 깨끗이 씻어 물기를 제거한다.

*2*__ 적양배추는 채 썰어 찬물에 잠깐 담가 아삭한 식감을 살려 물기를 털어 낸다.

*3*__ 배는 채 썰고, 피망과 파프리카는 씨를 털어 내고 채 썬다.

*4*__ 겨자가 풀어질 때까지 소스 재료를 골고루 섞어 겨자 소스를 만든다.

*5*__ ①의 닭의장풀과 ②의 채소를 접시에 담고 겨자 소스를 곁들인다.

山菜

닭의장풀은 '달개비'로 잘 알려져 있다. 꽃말은 '짧았던 즐거움'. 꽃잎은 '비단 염료'로, 줄기와 잎은 나물로 이용한다. 봄에 돋아나는 어린순을 먹으며, 가을까지도 잎줄기가 연하여 생장점 부위를 끊어다가 날것으로 된장을 찍어 먹거나 겉절이나 샐러드로 먹는다. 맛이나 향은 밋밋한 편이지만 시원한 맛과 씹는 질감이 한여름 더위에 어울린다. 소금물에 살짝 데쳐서 초무침을 해도 좋다. 여름철에 도시 근교만 나가도 쉽게 구할 수 있다.

당분취 김치

맛있는 때 | 4~5월

재료

당분취 ··· 300g
절임(천일염 2큰술 + 물 1컵)
바나나 ··· 1개
양파 ··· ½개
대파 ··· ½개
홍고추 ··· 1개

양념
고춧가루 · 멸치액젓 ··· 3큰술씩
다진 마늘 ··· 1큰술
다진 생강 ··· 1작은술
고추청 ··· ½큰술
통깨 ··· 1큰술

만드는 법

1__ 당분취를 흐르는 물에 씻어 건져 소금물에 20분간 절여서 헹구어 물기를 뺀다.

2__ 바나나는 으깨어 놓고, 양파는 다진다.

3__ 대파는 3㎝ 길이로 곱게 채 썰고, 홍고추는 씨를 빼고 굵게 다진다.

4__ 분량의 양념 재료를 잘 섞은 뒤, ②의 바나나, 양파, ③의 대파, 홍고추를 넣어 양념을 만든다.

5__ 당분취를 양념으로 가볍게 버무린다. 실온에서 2~3시간 두었다가 냉장 보관한다.

TIP 당분취는 쓴맛이 강하지 않아 바로 요리해도 좋다. 과일 중에 탄수화물이 가장 많은 바나나를 넣어 풀을 대신했다.

山菜

당분취는 강원도 정선 등 북부 산간 지방에 자생하는 한국 특산종으로, 나물로 먹으며, 민간에서 관절염 및 생리불순에 약으로 써 왔다. 다른 취나물 류에 비해 향이 약한 편이다.

돌나물 물김치

<맛있는 때 | 4월>

재료

돌나물 ··· 200g
배 ··· ¼개
홍고추 ··· 1개
쪽파 ··· 2뿌리

양념

고춧가루·찹쌀풀 ··· 2큰술씩
생강즙·설탕 ··· 1큰술씩
배즙 ··· ½컵
물 ··· 5컵
소금 ··· 3큰술

만드는 법

1__ 돌나물을 손질하여 깨끗이 씻어서 소쿠리에 밭쳐 둔다.

2__ 배 ½은 납작납작하게 썰고, 남은 ½은 강판에 갈아 즙을 낸다.

3__ 홍고추는 어슷하게 썰어 물에 담가 씨를 뺀다.

4__ 면보에 싼 고춧가루를 물에 넣고 주물러 붉은 고춧물을 우려 낸다.

5__ 고춧물에 찹쌀풀, 소금, 설탕, 배즙, 생강즙을 넣어서 골고루 섞은 뒤, 돌나물, 배, 홍고추, 쪽파를 넣고 실온에서 4~5시간 정도 두었다가 냉장 보관하고 먹는다.

TIP 돌나물 특유의 풋냄새를 배즙의 단맛이 희석시킨다. 돌나물 물김치 국물을 만들때 속쌀뜨물을 받아 끓여서 식혀 소금으로 간을 맞추기도 한다.

한푼두푼 돈나물 / 쑥쑥뽑아 나싱개 / 이개저개 지칭개 /
잡어 뜯어 꽃다지 / 오용조용 말매물 / 휘휘돌아 물레등이 /
길에 가면 질겡이 / 골에 가면 고사리
- 공주지방 민요, 「나물 노래」

돌나물 생채

맛있는 때 | 4~6월

재료

돌나물 ⋯ 200g
홍고추 ⋯ 1개
쪽파 ⋯ 1뿌리

양념
고춧가루 · 설탕 ⋯ ½큰술씩
국간장 · 배즙 · 통깨 · 식초 · 매실청
⋯ 1큰술씩
참기름 ⋯ 1작은술
소금 ⋯ 약간

만드는 법

*1*__ 돌나물은 줄기가 통통하고 연한 것으로 골라 다듬고 씻어 건
져 물기를 뺀다.

*2*__ 쪽파는 2cm 길이로 썰고, 홍고추는 반으로 갈라 씨를 빼고 가
늘게 채 썬다.

*3*__ 볼에 분량의 양념 재료를 모두 넣고 섞은 다음 돌나물을 넣어
젓가락으로 가볍게 버무린다.

TIP 돌나물의 상큼하고 시원한 식감이 춘곤증을 물리쳐 준다. 돌나물을 손으
로 비비면 풀냄새가 나므로 젓가락으로 버무리는 것이 좋다.

山菜

돌나물은 '돗나물', '돈나물', '석상채石上菜', '불갑초佛甲草'라고 불린다. 봄의
새순과 여름의 꽃 핀 줄기까지 다 먹을 수 있다. 돌나물에는 수분이 많아
건조한 봄에 먹기에 좋다. 돌나물에는 칼슘이 우유의 2배나 되어 폐경기
여성의 뼈 건강에 도움이 되고, 콜레스테롤 수치를 낮춰 준다. 여성호르몬
감소로 인한 고지혈증, 탄력 감소 등의 증상을 개선할 수 있다.

돌미나리 김치

<맛있는 때 | 3~5월>

재료

돌미나리 ··· 600g
절임(천일염 2큰술 + 물 1컵)
쪽파 ··· 3뿌리
양파 ··· ¼개

양념
홍고추 ··· 1개
고춧가루 · 다시마 국물 ··· 4큰술씩
새우젓 · 멸치액젓 ··· 1큰술씩
다진 마늘 ··· 2큰술
다진 생강 ··· 1작은술
매실청 ··· ½큰술
소금 ··· 약간

만드는 법

*1*__ 돌미나리 잎을 칼끝으로 살살 쳐서 다듬는다.

*2*__ 길이가 긴 것은 길이로 반을 잘라 맑은 물에 10분 정도 담가 혹시 있을지 모르는 거머리를 처리한다.

*3*__ 미나리를 소금물에 10~20분간 절여서 헹구어 물기를 뺀다.

*4*__ 쪽파는 3㎝ 길이로 자르고, 양파는 반으로 잘라 곱게 채 썬다.

*5*__ 홍고추를 적당히 잘라서 젓갈, 마늘, 생강, 다시마 국물과 함께 믹서에 간 뒤, 매실청과 고춧가루를 넣어 불린다.

*6*__ 돌미나리, 쪽파, 양파를 한데 담고 양념을 넣어 버무린 뒤, 모자란 간은 소금으로 한다.

TIP 향긋한 싱그러움이 겨우내 잠들었던 식욕을 깨우는 것 같다.

매나린가 개나린가 / 장미꽃에 벌날인가 / 이산저산 넘어가서 /
돌메나리 뜯어닥아 / 살랑살랑 끓는 물에 / 아주삼박 데쳐내어 /
단장쓴장 치나새나 / 은제놋제 거나새나 / 나흘나흘 먹어 보자.
– 철산 鐵山 지방, 「미나리 노래」

시월에 두릅가지를 석 자쯤 씩 베어 큰 분에 흙을 담고
나무로 질러 구멍을 내고 가지를 심어 더운 방에 두고
따뜻한 물을 주면 여전히 순이 나와 나물을 무치면 산뜻하고 새롭다.
- 빙허각憑虛閣 이씨,『규합총서閨閤叢書』(1815) 권下,「나무새 오래 두는 법」

두릅 김치

맛있는 때 | 4~5월

재료

두릅 ··· 300g
천일염 ··· 1큰술

양념
고춧가루 · 찹쌀풀 ··· ½컵씩
멸치액젓 ··· 3큰술
다진 마늘 ··· 1큰술
다진 생강 ··· 1작은술
매실청 · 깨소금 ··· 1큰술씩
설탕 ··· 1작은술
소금 ··· 약간

만드는 법

1__ 두릅은 단단한 밑동 부분을 잘라 내고 껍질을 벗겨서 굵은 것은 반으로 나누고 작은 것은 그대로 손질하여 씻는다.

2__ 끓는 물에 천일염을 넣고 단단한 줄기부터 넣고 3분간 데쳐 찬물에 헹구어 물기를 뺀다.

3__ 홍고추, 마늘, 생강은 다지고, 쪽파는 1㎝ 길이로 썬다.

4__ 분량의 재료를 섞어 김치 양념을 만든다.

5__ 두릅에 양념을 넣어 버무린 뒤 실온에서 2~3시간 두었다가 냉장 보관해 두고 먹는다.

TIP 기분 좋은 향이 여운처럼 남는 두릅은 독성분을 함유하고 있으므로 반드시 끓는 물에 데쳐서 먹는다. 덜 삶으면 까매지므로 충분히 데친다. 데칠 때는 단단한 줄기부터 먼저 넣고 데쳐야 골고루 잘 익는다.

山菜

두릅 '봄 두릅은 금金'이라는 말처럼 봄에 먹는 두릅은 맛도 좋고 여러 가지 효능을 갖고 있다. 일반적인 봄나물에 비해 단백질이 매우 풍부하고 칼로리가 적으며, 비타민 A · C, 칼슘, 섬유질 함량 등이 높아 많이 먹어도 살이 찌지 않는다. 두릅에 들어 있는 사포닌과 비타민 C는 암을 유발하는 물질인 니트로사민을 억제하며, 혈당과 혈중지질을 낮춰 당뇨 개선 효과가 있다. 자주 먹으면 정신이 맑아지는 효과가 있어 아침에 잘 일어나지 못하는 사람에게 좋다.

뚱딴지 깍두기

맛있는 때 | 11~3월

재료

뚱딴지 ··· 500g
절임(천일염 2큰술)
쪽파 ··· 2뿌리
미나리 ··· 5줄기

양념
고춧가루 ··· 3큰술
멸치액젓 ··· 3큰술
새우젓 ··· 1큰술
찹쌀풀 ··· 2큰술
다진 마늘 ··· 1큰술
다진 생강 ··· 1작은술
설탕 ··· ½큰술
소금 ··· 약간

만드는 법

1__ 뚱딴지는 껍질을 벗겨 씻어 2.5×2.5×3㎝ 크기로 깍뚝썰기 한 뒤 소금에 30분간 절인다.

2__ 미나리 줄기와 쪽파를 4㎝ 길이로 썬다.

3__ 절인 뚱딴지는 한 번만 찬물에 헹구어 물기를 뺀다.

4__ ③의 뚱딴지에 고춧가루를 넣고 붉은색이 들도록 버무린다.

5__ 분량의 재료를 골고루 섞어 김치 양념을 만든다. 이때 새우젓은 건지를 다져서 쓴다.

6__ ④의 뚱딴지에 김치 양념을 넣고 골고루 버무린 뒤, 미나리와 쪽파를 넣고 가볍게 섞는다. 담가서 바로 먹을 수 있고 실온에서 3~4시간 숙성시킨 뒤 냉장고에 두고 먹는다.

뚱딴지순 김치 뚱딴지순을 소금에 절여서 헹구어 물기를 빼고 위의 뚱딴지 깍두기와 같은 양념을 만들어 버무린다. 양념 분량은 뚱딴지순의 양에 맞추어 조절한다.

山菜

뚱딴지의 덩이뿌리를 '국우菊芋'라 하며 약재로 쓴다. 천연 인슐린이 풍부하여 당뇨 환자에게 좋고, 과거에는 신경통의 치료제로 쓰였다. '돼지감자'라고도 한다.

마타리순 겉절이

재료

마타리순 ··· 200g
오이 ··· ½개
홍고추 ··· 1개
양파 ··· ½개
대파 ··· ⅓대

양념

국간장 ··· 2큰술
고춧가루 · 멸치액젓 · 식초 ··· 1큰술씩
다진 마늘 ··· 1작은술
설탕 ··· ½큰술
들기름 ··· ½큰술
들깨 ··· 1큰술

만드는 법

*1*__ 마타리순을 손질하여 씻어서 체에 밭쳐 둔다.

*2*__ 오이는 길이로 2등분하여 어슷하게 썬다.

*3*__ 홍고추는 씨를 빼고 채 썰고, 양파와 대파도 채 썬다.

*4*__ 들깨와 들기름을 제외한 분량의 재료를 넣고 잘 섞어 양념을 만든다.

*5*__ 볼에 마타리순과 오이, 홍고추, 양파, 대파를 한데 담고 양념장을 넣어 가볍게 털듯이 버무린 뒤 들기름을 넣고 섞어 접시에 담고 들깨를 뿌려 마무리한다.

山茱

마타리는 꽃이 늦여름부터 피기 시작하는 가을의 대표적인 야생화다. 봄에 어린순을 나물로 먹는데, 쓴맛이 있으므로 데쳐서 찬물에 우려낸다. 무칠 때 식초를 넣으면 쓴맛이 없고 산뜻한 맛이 난다. 한방 및 민간에서는 풀 전체와 뿌리를 안질, 화상, 단독, 청혈, 부종, 종창, 소염, 대하증 등에 약으로 쓴다. 뿌리에서 장 썩는 냄새가 난다 하여 '패장敗醬'이라고도 부른다.

만삼 해초 겉절이

맛있는 때 | 5~6월

재료

만삼 … 200g
꼬시래기 … 50g
청·홍고추 1개씩

양념

고춧가루 … 2큰술
고추장 … 2작은술
액젓 … 1큰술
다진 마늘 … 2작은술
식초 … 2큰술
설탕 … 1큰술
깨소금 … 2작은술

만드는 법

1__ 만삼은 깨끗이 씻어 체에 밭쳐 물기를 뺀다.

2__ 꼬시래기는 끓는 물에 소금을 조금 넣고 살짝 데쳐 찬물에 헹구어 물기를 빼고 한 입 크기로 썬다.

3__ 청·홍고추는 씨를 빼고 잘게 다진다.

4__ 분량의 재료를 섞어 양념을 만든다.

5__ 볼에 만삼, 꼬시래기, 다진 고추를 넣고 양념으로 가볍게 버무려 완성한다.

山蔘

만삼은 더덕과 매우 비슷하다. 잎도 더덕 잎과 같고, 식물 전체에서 나는 냄새도 더덕 같으며, 가을에 캔 뿌리는 더덕과 도라지 중간쯤 된다. 대체로 크기가 더덕에 비해 작고 줄기가 무성하다. 기혈 순환을 촉진하여 신진대사를 증진하므로 신체가 허약할 때 도움이 된다. 예로부터 인삼을 대신하여 열이 많은 체질, 허약자, 병후 회복기, 만성호흡기 질병, 여러 종류의 빈혈, 소화불량증, 만성 소대장염, 신장염, 당뇨병 등에 약으로 써 왔다.

머위 배추말이 물김치

맛있는 때 | 3~4월

재료

머위 ··· 12장
배춧잎 ··· 6장
절임(소금 ½컵)
배 ··· ½개
홍 · 주황파프리카 ··· 1개씩
쪽파 ··· 5뿌리

양념

고춧가루 ··· 2큰술
찹쌀풀 ··· 2큰술
소금 ··· 2큰술
생강즙 ··· 1큰술
설탕 ··· 1큰술
물 ··· 5컵

만드는 법

*1*__ 머윗잎과 배춧잎은 소금에 30분 정도 절여 한 번만 헹구어 체에 밭쳐 물기를 뺀다.

*2*__ 배와 파프리카는 씨를 빼고 굵게 채 썰고, 쪽파도 파프리카 길이로 썬다.

*3*__ 흰 부분을 잘라 낸 배춧잎 위에 머윗잎을 펼쳐 놓고, 위에 배채, 파프리카채, 쪽파를 넣고 김밥 말듯 단단히 만다.

*4*__ 물 5컵에 면보에 싼 고춧가루를 넣고 주물러 붉은 고춧물을 만든 뒤, 분량의 양념 재료를 넣어 김치국물을 만든다.

*5*__ 용기에 ③의 머윗잎 배추말이를 차곡차곡 넣고 ⑤의 김치국물을 부어 실온에 4~5시간 두었다가 냉장 보관하고 먹는다.

머윗잎 된장 무침

재료

머윗잎 ··· 300g
홍고추 ··· 1개
쪽파 ··· 2뿌리
천일염 ··· ½큰술

양념

된장 ··· 2큰술
고춧가루 ··· 1작은술
다진 마늘 ··· 1작은술
매실청 · 들기름 · 통깨 ··· 1큰술씩

만드는 법

*1*__ 머윗잎을 깨끗이 손질하여 끓는 물에 소금을 넣고 살짝 데쳐서 찬물에 2~3회 헹궈 체에 밭쳐 물기를 뺀다.

*2*__ 홍고추는 씨를 빼고 가늘게 채 썰고, 쪽파는 3cm 길이로 썬다.

*3*__ 분량의 재료를 잘 섞어 된장양념을 만든다.

*4*__ 된장양념에 ①의 머윗잎을 넣고 버무려 마무리한다.

TIP 된장과 고추장을 섞어서 양념해도 맛있다.

머윗대 김치

맛있는 때 | 5~8월

재료

머윗대 ··· 300g
쪽파 ··· 2줄기
청 · 홍고추 ··· 1개씩
천일염 ··· 조금

양념

고춧가루 ··· 3큰술
찹쌀풀 ··· 2큰술
다진 마늘 ··· 1큰술
다진 생강 ··· 1작은술
새우젓 · 멸치액젓 ··· 1큰술씩
매실청 ··· ½큰술
통깨 · 소금 ··· 약간

만드는 법

1__ 머윗대 껍질을 벗기고 끓는 물에 소금을 넣고 약 3분간 데쳐서 찬물에 2~3회 헹궈 건져 물기를 뺀다.

2__ 쪽파는 3㎝ 길이로 썰고, 청 · 홍고추는 씨를 빼고 가늘게 채 썬다.

3__ 양념 재료를 한데 섞어 양념을 만들어 놓는다.

4__ 머윗대를 적당한 길이로 잘라 양념을 넣어 무친 뒤 쪽파와 고추채를 넣고 통깨를 뿌려 마무리한다. 부족한 간은 소금으로 보충한다. 담가 바로 먹을 수 있다. 데쳐서 담은 김치라 빨리 시어지니 조금씩 담가 먹는다.

TIP 여름에 접어들면서 머위 줄기가 성숙하여 무릎까지 자라면 낫으로 베어 잎은 버리고 머윗대만 나물로 쓴다. 데쳐서 껍질을 벗기고 찬물에 담갔다가 볶음, 국 건더기로 쓴다.

山菜

머위는 지역에 따라 '머구', '머우'라고도 하는데, 특유의 쌉싸름한 맛이 좋고 데치거나 삶아도 향이 그대로이다. 이른봄에 한 뼘 가량 솟은 머위를 잎줄기째 데쳐서 쌈을 사 먹거나 나물을 무쳐 먹는다. 머위 뿌리는 약으로 쓰고, 잎, 줄기, 꽃은 식용한다. 머위는 나물 중에서도 염증을 삭이는 효과와 암세포를 억제하는 효과가 뛰어나다. 머위를 반찬으로 자주 먹으면 염증 예방과 치료 효과가 있으며, 여성의 자궁근종, 자궁염, 요도염, 방광염 그리고 남성의 전립선염, 위염, 장염 등에 도움이 된다. 꽃이 흰 식물은 대개 폐와 신장에 좋은데, 머위 또한 폐와 간, 콩팥의 정화 작용과 해독 작용을 돕는다.

묏미나리 물김치

<맛있는 때 | 4~5월>

재료

묏미나리 ··· 200g
배 ··· ¼개
홍고추 ··· 1개
쪽파 ··· 1뿌리

김칫국물 양념
고춧가루 · 찹쌀풀 ··· 2큰술씩
배즙 ··· ½컵
생강즙 ··· 1큰술
설탕 ··· ½큰술
소금 ··· 2큰술
물 ··· 5컵

만드는 법

1__ 묏미나리는 씻어서 체에 밭쳐 물기를 빼고 7㎝ 길이로 썬다.

2__ 배 ½은 납작하게 썰고, ½은 강판에 갈아 즙만 준비한다.

3__ 쪽파는 3㎝ 길이로 썰고, 홍고추는 어슷 썰어 물에 담가 씨를 뺀다.

4__ 물 6컵에 면보에 싼 고춧가루를 넣고 주물러 붉은 물을 만든다.

5__ 고춧물에 분량의 재료를 넣어 김칫국물을 만들어 묏미나리, 배, 홍고추, 쪽파를 넣고 간을 맞추어 실온에서 4~5시간 정도 두었다가 냉장 보관하고 먹는다.

묏미나리 초무침

재료

묏미나리 ··· 200g
데침(천일염 1작은술)
배 ··· 50g
양파 ··· ½개
홍고추 ··· 1개

양념
고추장 ··· 2큰술
다진 파 ··· 2작은술
다진 마늘 ··· 1작은술
식초 · 매실청 · 통깨 ··· 1큰술씩
설탕 ··· 1작은술

만드는 법

1__ 묏미나리는 끓는 물에 소금을 넣고 재빨리 데쳐서 찬물에 2~3회 헹궈 체에 밭쳐 물기를 빼고 먹기 좋은 크기로 자른다.

2__ 배와 양파는 채 썰고, 홍고추는 반으로 갈라 씨를 빼고 채 썬다.

3__ 분량의 재료를 한데 섞어 양념장을 만든다. 기호에 따라 참기름을 넣기도 한다.

4__ 물기를 짠 묏미나리에 양념장을 넣어 골고루 버무린다.

山菜

묏미나리는 '산미나리' '거렁대 충청도'라고도 부른다. 미나리와 비슷하며, 향기도 강하다. 미나리와 마찬가지로 피를 맑게 하는 작용이 있고 혈압 강화 효과가 크며, 신경통, 류머티스에도 도움이 된다. 4~5월 사이에 어린순을 데쳐서 나물로 먹는다. 김치에 넣어 먹어도 된다.

민들레 겉절이

아무래도 나는 / 방랑의 피 한 사발 마셨나 봐 / 날라리 소리 앞세우고 /

떠돌던 남사당패처럼 / 이 강산 낙화유수 / 흐르고 싶은 걸 보면 //

햇빛보다 먼저 일어나 / 햇빛보다 나중까지 / 풀섶에 뿌리박고 살자 / 수절과부 맹세하듯 해도 //

아 아 웬수 놈의 바람 / 한 번 펄럭이면 / 주저앉아 꽃 피우자던 맘 / 허망하게 스러지고 /

어스름 저녁 맺은 / 비밀한 사랑 / 그 뜨거움에 눈멀고 말아 //

아- 내 속엔 방황의 피 / 욕정의 피가 한 사발 더 있나 봐 / 삭힐 수 없어 / 산발한 채 떠돌게 하는.

- 필자의 시「민들레」전문

재료

민들레 잎 ⋯ 200g

양념
풋고추 · 홍고추 ⋯ 1개씩
마늘 ⋯ 2쪽
생강 ⋯ ¼톨
고추장 ⋯ 1작은술
고춧가루 ⋯ 1작은술
멸치액젓 ⋯ 2큰술
식초 ⋯ 2큰술
설탕 ⋯ 1큰술
고추청 ⋯ 1큰술
통깨 ⋯ 1큰술

만드는 법

1__ 민들레 연한 순을 골라 흐르는 물에 깨끗이 씻어 물기를 빼 놓는다.

2__ 고추는 길이로 반 갈라 각 ½개는 씨를 빼고 가늘게 채 썬다.

3__ 나머지 고추는 적당한 크기로 썰어서 마늘, 생강과 함께 블렌더에 넣고 간 뒤 설탕을 넣어 한 번 더 간다.

4__ ③에 나머지 양념 재료를 모두 넣고 섞어서 양념을 완성한다.

5__ 볼에 민들레 잎을 한 켜 깔고 ②의 고추채를 듬성듬성 얹은 뒤 양념을 뿌리고 다시 민들레 잎을 얹고 양념 뿌리기를 반복한다.

6__ ⑤의 민들레를 가볍게 뒤집어 준 뒤 실온에 20~30분간 두어 양념이 배면 먹는다. 고기 먹을 때 곁들이면 쌉쌀한 맛이 고기 냄새와 느끼함을 없애 준다.

`TIP` 민들레 김치로 먹으려면 소금 절임 과정을 거쳐야 한다.

山菜

민들레는 하늘의 별이 떨어져 꽃이 되었다고 하며, 꽃말은 '신탁神託'이다. 민들레의 연한 잎은 쌈으로도 먹는데 잎이 자랄수록 쓴맛이 강해지므로 슴슴한 소금물에 절여 김치를 담근다. 민들레의 쓴맛은 소화를 촉진시키는 효능이 있으므로 소화력이 약하고 잘 체하는 사람에게 좋다. 한방에서는 뿌리째 캐서 말린 것을 '포공영蒲公英'이라고 하는데, 열을 내리고, 피를 맑게 하며, 독과 뭉친 것을 풀어 주고, 붓기와 염증을 가라앉히며, 위장의 기능을 좋게 하는 효능이 있다. 항암, 항산화 기능이 강력하다.

방풍죽 끓이는 방법
방풍죽은 이슬이 마르기 전 새벽에 갓 돋은 방풍(방풍나
물)의 싹을 햇빛을 보지 않도록 딴다. 먼저 멥쌀을 찧어 죽
을 끓이다가 죽이 반쯤 익었을 때 방풍을 넣어 소쿠라지게
끓인 뒤 싸늘한 사기그릇에 옮겨 담아 반쯤 식혀 먹으면
입안이 온통 달고 향기로우며 사흘이 되어도 기운이 줄지
않는다.
- 허균, 「허성문집」

방풍나물 김치

재료

방풍나물 ··· 300g
무 ··· 100g
절임(천일염 3큰술)
양파 ··· ½개
홍고추 ··· 1개
대파(흰 대) ··· ½대
쪽파 ··· 2뿌리

양념

고춧가루 ··· 3큰술
멸치액젓 ··· 3큰술
새우젓 ··· 1작은술
들깨풀(물 ½컵 + 들깨가루 · 찹쌀가
루 1큰술씩) ··· ½컵
다진 마늘 ··· ½큰술
매실청 ··· ½큰술
통깨 ··· 1작은술
소금 ··· 약간

만드는 법

1__ 방풍나물을 흐르는 물에 씻어 소쿠리에 건진다.

2__ 무는 나박썰기하여 방풍과 함께 소금에 30분간 절인다.

3__ 절여진 방풍나물과 무를 한 번만 헹구어 물기를 뺀다.

4__ 씨를 뺀 홍고추는 다지고, 양파와 대파는 3㎝ 길이로 가늘게
채 썰고, 쪽파도 3㎝ 길이로 썬다.

5__ 무에 고춧가루 1큰술을 넣고 문질러 붉은 물을 들인다.

6__ 분량의 재료를 골고루 섞어 김치 양념을 만든다.

7__ ⑤의 무에 방풍나물과 ④의 채소를 넣고 양념을 넣고 버무린
다. 실온에서 3~4시간 숙성시킨 뒤 냉장고에서 익혀서 먹는다.

山菜

방풍나물 나물로 먹는 방풍나물은 원래 갯기름나물이다. 중풍風을 예방한
다는 뜻의 '방풍防風'인데, 원래 약재로 중국 원산의 방풍 원방풍, 우리나라 남
부지방 자생식물인 갯기름나물 식방풍, 전국 바닷가 모래땅에 자라는 갯방
풍이 있다. 현재 가장 많이 먹는 갯기름나물은 향이 진하고 맛이 쌉싸름하
며, 씹는 질감이 적당하여 봄가을에 많이 먹는다. 뿌리를 가을에 채취하여
말려서 발한, 해열, 진통 작용을 하는 약재로 쓴다. 제주도에 자생하는 갯
기름나물에서 항암 물질이 발견되었다.

비비추 김치

맛있는 때 | 4~5월

재료

비비추 ··· 300g
절임(천일염 2큰술 + 물 1컵)
양파 ··· ½개
홍고추 ··· 1개
쪽파 ··· 2뿌리

양념

고춧가루 ··· 3큰술
멸치액젓 ··· 3큰술
새우젓 ··· 1작은술
들깨풀(물 ½컵 + 들깨가루 · 찹쌀가
루 1큰술) ··· 3큰술
다진 마늘 ··· ½큰술
매실청 ··· ½큰술
통깨 ··· 1작은술
소금 ··· 약간

만드는 법

1__ 비비추는 한 장씩 흐르는 물에 씻어 건져 소금물에 20분간 절여 가볍게 헹구어 물기를 뺀다. 절이는 도중 2~3회 뒤집어 준다.

2__ 씨를 뺀 홍고추와 양파는 다지고, 쪽파는 1㎝ 길이로 송송 썬다.

3__ 분량의 양념 재료를 섞어서 김치 양념을 만든다.

4__ ③의 김치양념에 ②의 홍고추, 양파, 쪽파를 넣고 섞는다.

5__ ①의 비비추잎을 2장씩 겹쳐 놓고 위에 ④의 양념을 골고루 발라 켜켜이 얹어 통에 담는다. 실온에서 3~4시간 숙성시킨 뒤 냉장고에 두고 먹는다. 잎이 넓고 부드러워 밥을 싸 먹기에 좋다.

山菜

비비추 연한 잎을 나물로 먹는데, 잎에서 거품이 나올 때까지 손으로 비벼서 먹는다고 해서 '비비추'라고 한다. 박박 문질러서 물에 씻어 거품을 완전히 빼고 된장국을 끓이면 구수하고 부드러운 맛이 매우 좋다.

뽕잎 김치

맛있는 때 | 4~6월

재료

뽕잎 ··· 300g
절임(천일염 2큰술 + 물 1컵)
배 ··· ¼개
양파 ··· ½개
홍고추 ··· 1개
쪽파 ··· 2뿌리

양념
고춧가루 ··· 3큰술
멸치액젓 ··· 3큰술
들깨풀(물 ½컵 + 들깨가루 · 찹쌀가
루 1큰술씩) ··· 3큰술
다진 마늘 ··· 1큰술
간장 ··· 1작은술
매실청 · 통깨 ··· 1큰술씩
소금 ··· 약간

만드는 법

*1*__ 뽕잎은 한 장씩 흐르는 물에 씻어서 소금물에 20분간 절였다
가 헹구어 물기를 뺀다. 절이는 도중 2~3회 뒤집어 준다.

*2*__ 배와 양파는 채 썰고, 홍고추는 씨를 제거하여 채 썰고, 쪽파
는 3cm 길이로 썬다.

*3*__ 분량의 양념 재료를 섞어서 김치 양념을 만든다.

*4*__ ③의 김치 양념에 절인 뽕잎과 ②의 채소를 넣고 버무린다.
실온에서 3~4시간 숙성시킨 뒤 냉장고에서 익혀서 먹는다.

山桑

뽕잎은 식물 중에서 콩 다음으로 단백질이 많은데, 아미노산이 무려 24종
이나 들어 있다고 한다. 알코올을 분해하는 '알라닌'과 '아스파라긴산' 성분
이 풍부하고, 뇌 속의 피를 잘 돌게 하고 콜레스테롤 제거 및 노인성 치매
를 예방해 주는 '세린'과 '티로신'성분이 들어 있다. 루틴 성분은 혈관을 강
화하고 혈압을 낮추어 고혈압을 낮게 한다. 또한 칼슘과 철분을 비롯한 50
여 종 이상의 미네랄이 풍부하다. 식이섬유 또한 풍부하여 변비 완화 및 다
이어트에 효과가 높다. 최근에는 각종 성인병과 에이즈에 치료 효과가 있
다고 밝혀지면서 관심을 끌고 있다. 일본에서는 뽕잎 쌈과 뽕잎 나물을 즐
겨 먹는다.

산마늘 김치

맛있는 때 | 4~5월

재료

산마늘 ··· 300g
쪽파 ··· 4뿌리
풋고추 ··· 2개
홍고추 ··· 1개
양파 ··· ½개

양념

고춧가루 ··· 3큰술
멸치액젓 ··· ⅓컵
다진 마늘 ··· 1큰술
다진 생강 ··· 1작은술
통깨 ··· 1큰술
설탕 ··· ½큰술

만드는 법

1__ 산마늘은 흐르는 물에서 한 장씩 잎의 앞뒤를 손바닥으로 가볍게 문질러 씻어 물기를 뺀다.

2__ 쪽파는 송송 썰고, 고추는 씨를 빼고 다지고, 양파도 다진다.

3__ 분량의 양념 재료를 잘 섞은 뒤 ②의 쪽파, 고추, 양파 다진 것을 넣고 가볍게 섞는다.

4__ 산마늘 두 장을 겹쳐 놓고 윗장에 ③의 양념을 고루 펴 바른다. 이 과정을 반복한다.

5__ 양념 바른 산마늘 잎을 용기에 차곡차곡 담고, 간이 스며들도록 실온에서 2~3시간 숙성시킨 뒤에 냉장 보관한다.

山菜

산마늘은 맛과 냄새가 마늘 비슷하다. 강원도 산마늘은 잎이 좁고 향이 진하고, 울릉도 산마늘(명이나물)은 잎이 넓고 둥글며 맛이 순하다. 산마늘이 특히 많이 나는 울릉도에서는 명이나물로 밥을 짓고, 죽을 끓이고, 장아찌나 반찬을 만들어 먹었다. '보릿고개 때 목숨을 연명해 주던 풀'이라 하여 '명命이나물'로 부르면 귀하게 여겨 왔다고 한다. 일본에서는 수도승이 즐겨 먹는다 해서 '행자行者마늘'이라고 하며, 중국에서는 자양강장 효과가 좋고 맛이 좋은 산채로 애호되고 있다.

산초나무순 김치

맛있는 때 | 4~5월

재료

산초잎 ··· 500g
천일염 ··· 1큰술
절임(홍고추 1개+양파 ⅙개)

양념

고춧가루 ··· 4큰술
찹쌀풀 ··· 2큰술
다진 마늘 ··· 1큰술
다진 생강 ··· 1작은술
매실청 · 새우젓 · 멸치액젓 ··· 1큰술씩

만드는 법

1__ 산초 잎은 끓는 물에 소금을 넣어 데쳐 찬물에 헹구어 채반에 펼쳐 물기를 거둔다.

2__ 씨를 뺀 홍고추와 양파를 채 썰어 놓는다.

3__ 분량의 재료를 섞어 양념을 만든다.

4__ ③의 양념에 산초 잎, 홍고추채, 양파채를 넣고 버무린다.

TIP 독특한 산초 향이 느긋하게 다스려져 있어 먹은 뒤에 산초 향과 단맛의 여운이 남는다.

山椒

산초나무의 어린순은 나물, 장아찌, 부각 등을 만들어 먹으며, 두부를 구울 때 산초기름 대신 잎을 넣어 산초 향을 내기도 한다. 산초는 건위, 이뇨 및 소염 작용 효과가 있는 자연식품인데 특히 신선한 방향 성분과 풍미가 좋은 신미 辛味 성분 및 고미 苦味 성분을 함유하고 있어서 식욕 증진을 위한 요리에 이용된다.

쇠무릎 무말랭이 김치

<　맛있는 때 | 4~6월　>

재료

쇠무릎 ··· 200g
절임(천일염 2큰술 + 물 1컵)
무말랭이 ··· 30g
불림(물 1컵+설탕 1큰술+소금 약간)
쪽파 ··· 3뿌리

양념
고춧가루 ··· 4큰술
멸치액젓 ··· ½컵
밀가루풀 ··· ½컵
다진 마늘 ··· 2큰술
매실청 ··· 2큰술

만드는 법

1__ 쇠무릎 연한 것을 골라 마디를 똑똑 끊어 씻은 뒤 소금물에 30분간 절였다가 헹구어 찬물에 10분간 담가 약간의 쓴맛을 우려낸다.

2__ 무말랭이는 미지근한 물에 설탕과 소금을 넣고 30분간 불렸다가 건져 그대로 두어 남은 물기로 자연스럽게 더 불도록 한다.

3__ 손질한 쪽파는 무말랭이 길이에 맞춰 썬다.

4__ ②의 무말랭이 물기를 지그시 짠 뒤 고춧가루 1큰술을 넣고 주물러 붉은 고춧물을 들인다.

5__ 분량의 재료를 한데 섞어 김치 양념을 만들어 고춧가루가 불도록 10분 정도 둔다.

6__ 무말랭이와 쇠무릎에 김치 양념을 넣고 버무려 쪽파를 넣고 마무리한다.

TIP 무말랭이는 2×4×0.5㎝ 크기의 막대 모양으로 무를 썬 다음 채반에 널어 2~3일 바싹 말리면 된다. 도톰하게 썰어야 오독오독 씹히는 맛이 난다. 쌀뜨물에 담가 불리면 채소 특유의 냄새를 없앨 수 있다. 불리는 물에 설탕과 소금을 넣으면 맛이 밍밍해지지 않는다.

山菜

쇠무릎은 볼록한 마디 부분이 소의 무릎과 흡사해서 '쇠무릎'이 되었다. 폴리페놀 성분이 있어 생으로 먹으면 쓴맛이 강하다. 봄에서 여름 사이엔 어린순과 잎줄기를 나물로 먹으며, 뿌리는 달여서 신경통이나 관절염 등에 사용한다.

신선초 김치

맛있는 때 | 5~6월

재료

신선초 ··· 300g
절임(천일염 2큰술 + 물 1컵)
양파 ··· ¼개
쪽파 ··· 3뿌리

양념
고춧가루 ··· 3큰술
홍고추 ··· 1개
마늘 ··· 3쪽
생강 ··· ½톨
새우젓 · 멸치액젓 ··· 1큰술씩
매실청 ··· ½큰술
찹쌀풀 ··· 2큰술

만드는 법

1__ 신선초는 어린잎으로 골라 씻어 30분 정도 소금물에 담가 절였다가 헹구어 물기를 뺀다.

2__ 홍고추와 양파는 채 썰어 놓는다.

3__ 고춧가루에 새우젓과 멸치액젓과 매실청을 넣고 불린다.

4__ ③에 곱게 다진 마늘과 생강, 찹쌀풀을 넣고 섞어 양념을 만든다.

5__ 절인 신선초에 고추채, 양파채를 넣고 양념으로 버무린다.

山菜

<u>신선초</u>는 미나리과의 여러해살이풀로, 잎을 자른 뒤 다음날이면 새순이 나와 '명일엽明日葉'이라고 한다. 주로 약으로 쓰고, 쌈으로 생식하거나 즙을 내어 마신다. 줄기를 꺾었을 때 나오는 노란 즙의 주성분은 칼콘Chalcone과 쿠마린Coumarin 성분으로, 항암 효과가 뛰어난 것으로 알려져 있다.

쑥부쟁이 김치

맛있는 때 | 4~5월

재료

쑥부쟁이 ··· 200g
쪽파 ··· 3뿌리
천일염 ··· 1큰술

양념

고춧가루 · 들깨풀 ··· 3큰술씩
다시마 육수 ··· 2큰술
다진 마늘 ··· 1작은술
다진 생강 ··· ½작은술
매실청 · 액젓 ··· 1큰술씩
통깨 ··· 1작은술
소금 ··· 약간

만드는 법

*1*__ 손질한 쑥부쟁이는 깨끗이 씻어 천일염을 뿌려 20분 정도 살짝 절인 뒤 헹궈 물기를 뺀다.

*2*__ 쪽파 3㎝ 길이로 썰고 분량의 양념을 고루 섞어 김치 양념을 만든다.

*3*__ 쑥부쟁이에 ②의 양념을 넣고 가볍게 털듯이 무친 뒤 통깨를 뿌린다.

TIP 담백한 풋냄새가 나고 맛이 달보드레한 쑥부쟁이 김치를 따끈한 밥에 넣어 비벼 먹으면 맛이 매우 좋다.

山菜

쑥부쟁이는 7~10월까지 꽃을 피우는 가을의 야생화로, 어린순을 나물로 먹고 꽃을 비롯한 전초를 말려 약재로 쓴다. 비타민 C와 칼슘, 인 등이 풍부하여 감기와 피로 해소 효과가 있다. 약재는 해열 · 진해 · 거담 · 소염 · 해독 효능이 있어 기관지염과 편도선염 치료제로도 쓰인다. 또한 혈압을 내리게 하고 어깨결림으로 인한 통증을 완화하며, 복통에도 효과가 있다.

씀바귀 겉절이

맛있는 때 | 뿌리 3월 잎 4~5월

재료

씀바귀 잎 ⋯ 200g
쪽파 ⋯ 1뿌리

양념
고추장 · 식초 · 깨소금 · 매실청 ⋯
1큰술씩
국간장 · 설탕 ⋯ 2작은술씩
들기름 ⋯ 1작은술

만드는 법

1__ 씀바귀 잎은 연한 것으로 골라 씻어 물에 20~30분 정도 담가
두어 쓴맛을 약하게 한다.

2__ 쪽파는 3㎝ 길이로 썰고 분량의 양념 재료를 섞어 양념장을
만든다.

3__ 씀바귀 잎에 양념장을 넣고 잎이 상하지 않게 살살 버무린다.

山菜

씀바귀 최근 연구에서 씀바귀에 골수암 억제 효과가 있는 것으로 밝혀졌
다. '시나로사이드Synaroside' 성분이 들어 있어 항산화 기능을 하며 몸속
활성산소 억제 효능 노화를 예방하며, 강장, 식욕 증진 효과가 있다.

어성초 모듬꽃 튀김 샐러드

맛있는 때 | 5월

재료

어성초꽃 · 민들레꽃 · 씀바귀꽃 ·
찔레꽃 · 아카시아꽃 ··· 약간씩
튀김옷(튀김가루 · 얼음물 1컵)
소금 ··· 약간
튀김기름 ··· 적당량

초간장
진간장 · 식초 ··· 1큰술씩

만드는 법

*1*__ 꽃을 물에 가볍게 흔들어 건져 물기를 턴다.

*2*__ 물기 묻은 꽃에 마른 튀김가루를 가볍게 묻히고 여분의 가루
를 털어낸다.

*3*__ 튀김가루에 얼음물을 조금씩 부어 가며 반죽하여 튀김옷을
만든다.

*4*__ 튀김 냄비에 기름을 붓고 170℃ 정도로 끓으면 ②의 꽃에 튀
김옷을 입혀 튀겨서 튀김망에 놓아 기름을 뺀다.

*5*__ 꽃 튀김을 접시에 담고 분량의 진간장에 식초를 넣은 초간강
을 곁들인다.

山菜

<u>어성초</u> 생약명 '어성초魚腥草'라는 이름은 잎과 줄기를 뜯으면 특유의 생선
비린내가 나서 붙여진 이름으로, '비린내풀'이라고도 한다. 10가지 병에 약
으로 쓰인다고 해서 '십약十藥'이라고도 한다. 나물로 먹을 때는 데쳐서 물
에 우려내어 조리한다.

어수리 물김치

맛있는 때 | 4~5월

재료

어수리 ··· 200g
절임(천일염 2큰술 + 물 1컵)
오이 ··· ½개
절임(소금 ½큰술)
쪽파 ··· 2뿌리
홍고추 ··· 1개
마늘 ··· 3쪽
생강 ··· 1톨

양념

밀가루풀(밀가루 1큰술 + 물 ½컵)
··· ½컵
물 ··· 5컵
소금 ··· 2큰술
설탕 ··· ½큰술

만드는 법

*1*___ 어수리는 소금물에 30분간 가볍게 절여서 살살 헹궈 물기를 뺀다.

*2*___ 밀가루풀을 쑤어 차게 식혀 둔다.

*3*___ 오이는 손가락 굵기로 7㎝ 길이로 썰어 씨를 도려내고 소금 ½큰술로 살짝 절여서 물에 헹궈 놓는다.

*4*___ 쪽파는 오이와 같은 길이로 썰어 놓고, 홍고추는 어슷하게 썰어 물에 헹궈 씨를 빼 놓는다.

*5*___ 마늘과 생강은 곱게 채 썰어 면보에 넣는다.

*6*___ 분량의 물에 밀가루풀을 넣고 소금과 설탕으로 간하여 약간 짭짤하게 김치국물을 만든다.

*7*___ 김치통에 마늘 생강 주머니를 바닥에 깔고 어수리를 담은 뒤, 오이, 쪽파, 고추를 사이사이 넣고 김치국물을 붓는다. 하루 정도 실온에서 숙성시킨 뒤 냉장고에 넣는다.

山菜

어수리는 임금님 수라상에 오른다 하여 붙여진 이름만큼이나 맛과 향이 매우 좋다. 연한 순은 생채, 나물, 나물밥, 묵나물 등으로 이용하며, 이른 봄과 늦가을에 채취한 뿌리는 약재로 사용한다. 열량, 식이섬유, 지방, 나트륨, 칼슘, 인, 칼륨, 비타민 C가 일반 산나물보다 높으며, 항산화, 항당뇨, 노화 방지, 통증 완화 등의 다양한 효능이 밝혀졌는데, 특히 미백 효과가 크다고 알려졌다. 뿌리에 쿠마린, 사포닌, 플라보노이드, 정유 등이 들어 있다. 한방에서는 중풍, 신경통, 요통, 두통 등에 진정, 진통 작용을 하는 약재로 사용하며, 혈압을 내리고 햇볕에 의한 피부염에도 잘 든다고 전해진다.

예덕나뭇잎 김치

재료

예덕나뭇잎 ··· 300g
절임(멸치액젓 ⅓컵)
양파 ··· ½개
홍고추 ··· 1개
대파(흰 부분) ··· ½대
쪽파 ··· 2뿌리

양념
고춧가루 ··· 3큰술
다진 마늘 ··· ½큰술
새우젓 ··· 1작은술
들깨풀(물 ½컵 + 들깨가루 · 찹쌀가
루 1큰술씩) ··· 3큰술
매실청 ··· ½큰술
통깨 ··· 1작은술
소금 ··· 약간

만드는 법

1__ 예덕나뭇잎은 한 장씩 흐르는 물에 씻어 소쿠리에 건져 물기
를 털어낸다.

2__ 예덕나뭇잎에 액젓을 골고루 뿌려 20분간 절인다. 절이는 중
간에 2~3회 뒤집어 준다.

3__ 홍고추는 씨를 뺀 뒤 다지고, 양파와 대파는 가늘게 채 썰고,
쪽파는 1㎝ 길이로 송송 썬다.

4__ ②의 절임 액젓을 따라내어 분량의 양념 재료를 넣고 골고루
섞어 김치 양념을 만든다.

5__ 절인 예덕나뭇잎에 ③의 채소를 섞고 김치 양념으로 버무린다.
실온에서 3~4시간 숙성시킨 뒤 냉장고에서 익혀서 먹는다.

山菜

예덕나뭇잎 남부지방 바닷가 산지에서 잘 자라는 예덕나무는 오동나무를
닮아 '야오동野梧桐', '야동野桐'으로도 부른다. 일본명 '적아백赤芽柏'은 봄철
에 싹트는 새순이 붉다는 뜻이다. 예덕나무 껍질에 들어 있는 타닌과 베
르게닌Bergenin 성분은 위염과 위궤양을 치료하는 데 도움이 되고 담즙
분비를 촉진해 소화를 돕는다. 타닌은 조직을 수축시키고 작용이 좋아서
염증이 있을 때 효과를 나타낸다. 일본에서는 천연 위장약으로 이용해 왔
는데, 위암에 효과가 있다고 한다.

오갈피순 겉절이

맛있는 때 | 4~5월

재료

오갈피 ··· 200g
빨강·노랑·주황파프리카 ··· ⅓개씩
쪽파 ··· 2뿌리

양념
고춧가루 ··· 2큰술
다진 양파 ··· 1큰술
다진 마늘 ··· 1작은술
매실청 ··· 1큰술
멸치액젓·식초·간장 ··· 1작은술씩
들깨·들기름 ··· 1작은술씩
소금 ··· 약간

만드는 법

*1*__ 오갈피순은 억센 줄기를 떼어내고 씻어서 물기를 뺀 뒤 먹기 좋은 크기로 뜯어 놓는다.

*2*__ 파프리카는 씨를 빼고 가늘게 길이대로 썰고, 파는 3㎝ 길이로 썬다.

*3*__ 참깨와 참기름을 제외한 모든 재료를 넣고 양념을 만든다.

*4*__ 양념에 오갈피와 파프리카를 넣어 살살 버무리다가 부족한 간은 소금으로 맞춘 뒤 참깨와 참기름을 넣고 섞어 마무리한다.

TIP 들깨를 양념으로 쓰면 입안에서 들깨가 톡톡 터지며 식감을 자극한다.

山茱

오갈피나무는 이파리가 다섯 개로 갈라져 '오갈피'라고 하며, 우리나라 약용 식물의 대표라고 할 수 있다. 학명 *Acanthopanax sessiliflorus*에는 '모든 병을 치유하는 가시가 많은 약초'라는 의미가 담겨 있다. 어린순은 쌉싸름하면서도 특유의 향과 단맛이 좋아 입맛을 살려 주는 고급 나물로 쓰고, 줄기껍질과 뿌리껍질은 약이나 차의 재료로 이용한다.

음나무순 겉절이

<맛있는 때 | 4~5월>

재료

음나무잎 ⋯ 200g

양념

국간장 · 배즙 · 통깨 · 식초 ⋯ 1큰술씩

고춧가루 ⋯ ½큰술

참기름 · 매실청 ⋯ 1작은술씩

소금 · 설탕 ⋯ 약간씩

만드는 법

1__ 음나무순은 깨끗이 씻어서 물기를 뺀다.

2__ 분량의 재료를 넣어 잘 섞어서 양념을 만든다.

3__ 음나무 잎에 양념을 넣고 가볍게 버무린다.

TIP 겉절이는 무쳐서 바로 먹어야 맛있는 음식이니 양념장을 만들어 두었다가 먹기 직전에 무쳐서 낸다.

山菜

음나무순 우리나라의 민속에 음나무의 날카로운 가시가 귀신의 침입을 막는다 하여 가지를 대문이나 방문 등의 출입구에 꽂아 두는 풍습이 있다. 모양이 두릅과 비슷하여 '개두릅'이라고 하는데, 혹자는 알싸한 맛과 독특한 향이 두릅보다 낫다고도 하여 '두릅 팔아 개두릅 사 먹는다'는 말도 전해진다. 음나무는 산삼나무라고 불릴 만큼 당뇨에 효과가 좋다고 알려져 있다.

음나무순 물김치

맛있는 때 | 4~5월

재료

음나무 잎 ··· 300g
무 ··· 200g
절임(천일염 ½컵)
사과 ··· ½개
홍고추 ··· 1개
쪽파 ··· 3뿌리
대파 흰부분 ··· ¼대
마늘 ··· 5쪽
다진 생강 ··· 2큰술

양념

고춧가루 ··· 3큰술
배 ··· ¼개

김칫국물

천일염 ··· 4큰술
생수 ··· 2ℓ

만드는 법

1__ 음나무순은 줄기를 떼어 한입에 들어갈 크기로 나누어 씻는다.

2__ 무는 사방 3㎝ 크기로 자른다.

3__ 음나무순과 무에 소금을 뿌려 30분간 절인 뒤 찬물에 가볍게 헹구어 체에 밭쳐 둔다.

4__ 사과는 사방 3㎝, 쪽파도 3㎝ 길이로 썰고, 홍고추는 둥글게 썰어 물에 담가 씨를 뺀다.

5__ 대파와 마늘은 채 썬다.

6__ 배를 강판에 갈아 김치국물에 넣고, 고춧가루를 면보에 싸서 김치국물에 담가 주물러 붉은색을 낸다.

7__ ⑥김치국물에 ③의 음나무순과 ②, ④, ⑤의 채소를 모두 넣고 간을 맞춘 뒤 실온에서 숙성시켜 냉장 보관해 두고 먹는다.

전호 겉절이

인생이 입에 맞으면 그게 진미지 / 채소를 씹어도 고기만 못하지 않다네

내 집 동산에 몇 이랑 빈터가 있어 / 해마다 넉넉히 채소를 심는다네.

- 서거정徐居正(1420~1488), 『속동문선續東文選』, 「채마밭을 돌아보며巡菜圃有作」

재료

전호 ··· 200g
양파 ··· ⅓개
쪽파 ··· 2뿌리

양념장
고춧가루 · 국간장 ··· 2큰술씩
진간장 ··· 1작은술
매실청 ··· 1큰술
다진 파 ··· 1큰술
다진 마늘 ··· 1작은술
참기름 · 통깨 ··· 1큰술씩
설탕 ··· 1작은술
물 ··· 1큰술
소금 ··· 약간

만드는 법

*1*__ 전호를 흐르는 물에 가볍게 씻어서 체에 밭쳐 물기를 제거한다.

*2*__ 양파는 채 썰고, 쪽파는 송송 다진다.

*3*__ 분량의 재료로 양념장을 만든다.

*4*__ 전호, 양파, 쪽파를 담고 양념으로 가볍게 섞듯이 버무린다. 겉절이는 먹기 직전에 한 끼 먹을 분량만 버무려 먹는다.

山菜

전호는 울릉도 등의 따뜻한 지역에선 1월부터 싹이 나와 2월에 여린 순이 올라오는 봄나물이다. 중부지방에선 4~5월이 제철이다. 연한 줄기와 순을 생으로 쌈을 싸 먹고, 데쳐서 나물, 볶음, 국거리 등으로 쓰며, 뿌리는 해열, 진통, 기침가래를 다스리는 생약으로 쓴다. 칼슘과 칼륨, 비타민 C를 충분히 함유하고 있어 피를 맑게 해 주며 항암 효과도 있다.

제비꽃잎 샐러드

맛있는 때 | 3~5월

재료

제비꽃 잎 … 300g
방울토마토 … 5개
적채(붉은 양배추) … 50g
노랑파프리카 … 1개

요거트 드레싱
플레인 요커트 … ½컵
마요네즈 … 2큰술
꿀 · 설탕 · 소금 · 레몬즙 … 1작은
술씩

만드는 법

1__ 제비꽃 잎은 흐르는 물에 가볍게 흔들어 씻어 체에 밭쳐 물
기를 없애고 시원한 데 둔다.

2__ 방울토마토는 씻어서 반으로 나누고, 노랑파프리카는 씨를
빼고 가늘게 채 썬다.

3__ 적채는 곱게 채 썰어 찬물에 잠깐 담갔다가 건져 면보에 싸
서 물기를 거둔다.

4__ 분량의 드레싱 재료를 잘 섞어 요거트 드레싱을 만든다.

5__ 접시에 제비꽃과 준비된 채소를 색 맞추어 담고 요거트 드레
싱을 곁들인다.

山菜

제비꽃 꽃의 기부에 길게 나온 부리가 오랑캐의 머리채를 닮았다고 해서
'오랑캐꽃'이라고도 불린다. 꽃말은 '겸양謙讓' 또는 '나를 생각해 주오'이다.
식용, 약용, 관상용으로 가치가 크다. 약간 미끈거리면서도 산뜻한 맛이 있
는데 잎은 나물로 먹고, 꽃은 생으로 먹거나 화전, 차, 향료로 이용하며, 씨
앗은 기름을 짜서 쓴다. 한방에서는 뿌리를 포함한 전초를 그늘에서 말려
약초로 쓰는데, 해독 · 소염 · 소종 · 지사 · 최토 · 이뇨 등의 효능이 있다.

고향에는 대나무가 섶나무처럼 너무 흔해
봄 죽순이 밥상에서 귀한 대접 못 받는데
홀연히 눈 밝아지는 이곳의 푸른 옥 묶음이여
경진의 객은 장아찌에 오래 싫증이 났으니까.
- 이곡李穀(1298~1351), 『가정집』 권17

죽순 깍두기

맛있는 때 | 5~6월 초순

재료

죽순 ··· 300g
사과 ··· ½개
쪽파 ··· 3뿌리

양념
고춧가루 ··· 3큰술
멸치액젓 ··· ½컵
다진 마늘 ··· 1큰술
다진 생강 ··· 1작은술
설탕 ··· 1큰술
소금 ··· 약간

만드는 법

1__ 죽순은 쌀뜨물에 푹 삶아서 껍질을 벗기고 반으로 갈라 하루를 물에 담갔다가 건져 썰어서 물기를 뺀다.

2__ 죽순에 액젓을 뿌려 밑간을 한다.

3__ 쪽파는 곱게 송송 썰고, 사과는 4×2×0.5㎝의 골패 모양으로 썬다.

4__ 분량의 양념 재료를 잘 섞은 뒤, 죽순, 사과, 쪽파를 넣고 버무린다.

TIP 죽순은 캔 순간부터 산화가 진행되면서 떫고 쓴맛이 강해지고 수분이 줄어든다. 요리하기 전에 쌀뜨물에 담가두거나 쌀뜨물로 삶으면 죽순에 들어 있는 수산이 녹아나와 떫고 아린 맛이 없어지고 맛이 좋아지며 쌀겨의 효소 작용으로 부드러워진다.

山菜

죽순은 대나무의 땅속줄기에서 돋아나는 싹이다. 5월이 제철로 40~50cm 정도 자랐을 때 맛이 가장 좋다. 단백질, 탄수화물, 섬유질, 칼슘, 인, 철분 등이 풍부하여 혈압이나 당뇨병 치료 효과가 있다, 하지만 수산Oxalic Acid 성분이 들어 있어 결석이 있거나 신장 기능이 좋지 않은 사람은 많이 먹지 않는 것이 좋다.

깎일수록 뚜렷해지는 바위처럼
채울수록 단단해지는 돌멩이처럼
메마른 길섶에 뿌리내리고
한생을 마련한 질긴 영혼
오죽하면 그 별명도 차전초이랴!
- 박수진, 「차전초」 일부

질경이 겉절이

<맛있는 때 | 4~8월>

재료

질경이잎 ··· 200g
홍고추 ··· 1개
쪽파 ··· 2뿌리

양념

고춧가루 · 국간장 · 오미자청(매실
청) · 식초 ··· 1큰술씩
들기름 ··· ½큰술
통깨 ··· 1작은술
설탕 · 소금 ··· ½작은술씩

만드는 법

1__ 질경이 잎은 연한 것으로 골라 깨끗이 씻어서 물기를 뺀다.

2__ 홍고추는 씨를 제거하여 채 썰고, 쪽파는 3㎝ 길이로 썬다.

3__ 분량의 재료를 한데 넣어 잘 섞어서 양념을 만든다.

4__ 질경이 잎에 양념을 넣고 살살 버무린 뒤 홍고추, 쪽파를 넣고 한 번 더 섞어 마무리한다.

山菜

질경이는 사람이나 마차가 다니는 길에서 자라 '길의 파수꾼'이라고도 한다. 아주 어릴 때보다는 한 뼘 이상 자랐을 때가 씹는 맛이 구수하고 좋으므로, 한여름 풀 틈에서 길게 자란 것을 낫으로 베어 내어 데쳐서 볶아 먹거나 묵나물을 만들어 둔다. 질경이는 군살을 빼는 용도로도 쓰인다. 열매 차전자 10~30g을 달인 물에 멥쌀 80g을 넣어 죽을 쑤어 아침저녁으로 따끈하게 먹으면 이뇨 작용으로 인해 살을 뺄 수 있다. 체질에 따라 아랫배가 차가워지고 설사를 하거나 무기력증이 생길 수 있다.

참나물 샐러드

맛있는 때 | 4~5월

재료

참나물 ··· 200g
사과 ··· ½개
아카시아꽃 ··· 100g
녹말가루 ··· 3큰술
식용유 ··· 적당량(튀김용)
튀김옷(튀김가루 ⅓컵+물 ¼컵+소금 약간)

들깨 소스
생수 · 멸치액젓 ··· 2큰술씩
들깨가루 ··· 3큰술
들기름 · 다진 대파 · 매실청 ··· 1큰술씩
다진 마늘 ··· 1작은술
소금 ··· 약간

만드는 법

1__ 참나물은 밑줄기를 다듬고 깨끗이 씻어 물기를 뺀다.

2__ 사과는 껍질째 모양을 그대로 살려 납작하게 편 썰기한다.

3__ 아카시아 꽃은 꽃만 떼어 물에 가볍게 흔들어 물기를 턴 다음 마른 녹말가루를 묻히고 튀김옷을 입혀 170℃ 온도에서 튀긴다.

4__ 분량의 양념 재료를 섞어 들깨 소스를 만든다.

5__ 참나물과 사과에 들깨 소스를 넣어 가볍게 털듯이 무쳐서 아카시아 꽃 튀김을 뿌려 낸다.

TIP 셀러리와 미나리의 향기를 합친 듯한 독특한 참나물의 향에 아카시아 튀김의 향기와 바삭함이 어울린다.

山菜

참나물 시중에서 1년 내내 사 먹을 수 있는 참나물은 '삼엽채'거나 '파드득나물'이다. 진짜 참나물은 오염되지 않은 산 계곡 주변에서 군락을 이루어 자란다. 4월 중순부터 5월에 줄기와 잎을 채취하는데, 향이 매우 진하고, 잎줄기가 연하여 쌈이나 생채로 즐겨 먹고, 데쳐서 나물로도 먹는다. 뿌리 쪽 줄기는 빨갛고 매끈하다.

참당귀 겉절이

<맛있는 때 | 5월>

재료

참당귀잎 ··· 200g
양파 ··· ¼개
홍고추 ··· 1개
쪽파 ··· 1뿌리

양념

고춧가루 ··· 1큰술
국간장 ··· 1큰술
배즙 ··· 1큰술
식초 ··· 1큰술
들기름 ··· ½큰술
매실청 ··· 1작은술
통깨 ··· 1작은술
설탕 · 소금 ··· ½작은술씩

만드는 법

1__ 참당귀를 깨끗이 씻어서 물기를 뺀다.

2__ 씨를 제거한 홍고추와 양파는 채 썰고, 쪽파는 3㎝ 길이로 썬다.

3__ 분량의 재료를 한데 넣고 잘 섞어 양념을 만든다.

4__ 참당귀에 양념을 가볍게 버무린 뒤 홍고추, 양파, 쪽파를 넣고 한 번 더 섞어 준다. 실온에서 3~4시간 숙성시킨 뒤 냉장고에서 숙성시켜 먹는다.

山菜

참당귀 입춘立春의 대표적인 절기 음식인 '오신반五辛飯'은 움파葱芽 · 산갓 · 신감초辛甘草 · 미나리싹 · 무싹 등 시고 매운 다섯 가지 생채 음식으로, 경기도 산골 지방에서 눈 밑에서 햇나물을 캐내 임금님께 진상하고 겨자와 함께 무쳐 수라상에 올린 데서 유래한다. 이 가운데 '신감초'는 참당귀 싹을 말한다. '봄에 연한 줄기를 데쳐 껍질을 벗겨 안심살 산적에 섞어 꿰어 양념한 즙을 발라 굽고, 겨울에 흰 움을 생치적에 섞어 꿰면 좋다'라고 한 승검초 산적은 당귀의 비타민 A, E 등의 영양소와 소고기의 단백질이 어우러져 겨우내 잃었던 입맛과 기력을 되찾게 하는 절기 음식이다. 봄에 나는 당귀는 맛이 달고 특유의 향이 식욕을 돋우는 데 도움을 준다. 당귀는 보혈補血 작용을 하며, 혈血의 순환을 도우므로, 옛날에는 시집가는 신부가 챙겨가는 부인과 상비약이었다고 전해진다.

참죽나물 된장 샐러드

재료

참죽나물(가죽나물) ··· 300g
파프리카 빨강 · 노랑 ··· ½개씩
배 ··· ¼개
견과류(호도, 잣) ··· 100g

된장 소스
된장 ··· 2큰술
간장 · 들기름 · 올리고당 · 맛술 ···
1큰술씩

만드는 법

1__ 참죽나물은 흐르는 물에 씻어서 체에 밭쳐 물기를 뺀다.

2__ 배는 껍질과 씨를 없애고 채 썰고, 파프리카는 씨를 제거하고 채 썬다.

3__ 견과류를 기름기 없는 팬에서 살짝 볶은 뒤 도마 위에 종이를 깔고 약간 굵게 다진다,

4__ 분량의 재료를 섞어 된장 소스를 만든다.

5__ 볼에 참죽나물, 배 채, 파프리카채를 넣고 된장 소스로 버무린 다음 견과류를 뿌려 마무리한다.

山茱

참죽나물 우리가 '가죽나물'이라 하여 고급 나물로 먹는 것은 원래 참죽나무의 새순이다. 경상도를 비롯한 남쪽 지방에서 참죽나무를 '가죽나무'라고 한다. '가죽'이라는 이명은 '가짜 대나무'라는 의미의 '가죽假竹'. 어린순을 데쳐서 나물, 장아찌, 김치, 부각 등으로 만들어 먹는다. 특유의 노란내가 나므로 김치는 충분히 숙성시켜 먹는 것이 좋다.

참취 겉절이

맛있는 때 | 4~5월

재료

참취 ··· 200g
당근 ··· ⅓개
쪽파 ··· 2뿌리

양념
고춧가루 ··· 2큰술
멸치액젓 · 식초 ··· 1큰술씩
다진 마늘 ··· 2작은술
쌀조청 ··· 1큰술
설탕 ··· 2작은술
통깨 ··· 1큰술
들기름 ··· 2작은술

만드는 법

*1*__ 참취는 손질하여 씻어서 체에 밭쳐 둔다.

*2*__ 당근은 채 썰고, 쪽파는 3㎝ 길이로 썬다.

*3*__ 분량의 재료를 섞어 양념을 만든다.

*4*__ 참취와 당근, 파를 한데 넣고 양념을 섞어 무친다.

참취는 어린순과 어린잎을 '취나물'이라고 부르며 생것을 싸 먹기도 하고, 볶아 먹기도 하며, 장아찌로도 담가 먹는데, 맛과 향이 독특하여 취나물 중에서도 으뜸으로 치는 봄나물이다. 사찰에서는 콩죽을 쑤어 참취 김치를 담가 먹었다.

칡순 김치

재료

칡순 ··· 300g
무 ··· 300g
홍고추 ··· 1개
쪽파 ··· 3뿌리

양념

고춧가루 · 찹쌀풀 ··· ½컵씩
새우젓 · 멸치액젓 · 매실청 · 다진 마늘 ··· 2큰술씩
생강 ··· 1작은술
소금 ··· 약간

만드는 법

1___ 칡순은 생장점 가까운 곳의 부드러운 것으로 채취하여 7㎝ 길이로 자른다.

2___ 무는 7㎝ 길이로 약간 굵은 채로 썰어 칡순과 함께 소금에 30분간 절인다.

3___ 절인 칡순과 무를 물에 헹구어 물기를 뺀다.

4___ 홍고추는 길이로 반 갈라 씨를 빼고 곱게 채 썰고, 쪽파는 3㎝ 길이로 썬다.

5___ 분량의 재료로 양념을 만들어 ②의 칡순과 무를 넣고 버무려 홍고추와 파를 넣고 마무리한다.

TIP 칡순의 푸석한 씹히는 맛을 무채가 보완하여 별미가 있다. 흔한 칡순을 식재료로 활용하여 식재료의 범위를 넓힌 것이다.

 山菜

칡의 부드럽고 연한 잎과 순은 뜯고, 꽃은 따고, 뿌리는 캔다. 꽃은 색이 고와 샐러드, 비빔밥, 김밥 등을 만들 때 넣으면 식욕을 돋우는 효과가 있다. 칡순은 쌀과 섞어 밥을 하거나 잎을 덖어 차를 대용한다. 칡에는 카테킨 Catechin이라는 알코올 분해 성분이 들어 있어 숙취 제거에 좋다. 에스토로겐이 풍부하여 갱년기 증상 환화에 효과적이고, 폴리페놀은 중금속을 해독하고 분해하는 효과가 있다.

고구마순 김치

<맛있는 때 | 늦여름~가을>

재료

고구마 줄기 ··· 1kg
절임(천일염 1큰술 + 물 2컵)
양파 ··· 1개
쪽파 ··· 5뿌리

양념

밀가루풀(물 ½컵 + 밀가루 2큰술)
··· ½컵
고춧가루 ··· ⅔컵
다진 마늘 ··· 3큰술
다진 생강 ··· ½큰술
멸치액젓 ··· ½컵
새우젓 ··· 1큰술
통깨 ··· 1큰술
설탕 ··· ½큰술
소금 ··· 약간

만드는 법

1__ 고구마순은 소금에 절여서 껍질을 벗기고 씻어서 7cm 길이로 썬다.

2__ 양파는 채 썰고, 쪽파는 4cm 길이로 썬다.

3__ 밀가루풀을 쑤어 식힌 뒤 분량의 재료를 섞어 김치 양념을 만든다.

4__ 고구마순에 김치 양념을 넣고 버무린 뒤, 양파와 쪽파를 넣고 섞는다. 부족한 간은 소금으로 맞춘다.

5__ 실온에서 3~4시간 숙성시킨 뒤 냉장고에 두고 먹는다.

山菜

고구마순 붉은색 고구마순은 껍질을 벗겨야 질기지 않는데, 소금 간을 살짝 해 두었다가 껍질을 벗기면 잘 벗겨진다. 고구마줄기는 껍질이 매끄러워 속까지 간이 배지 않으므로 벗겨 내야 한다. 생으로 먹어도 맛있고, 익혀서 먹어도 별미다. 수분이 적어 국물을 부어야 잘 익는다. 초여름 고구마줄기가 연할 때는 껍질째 살짝 데쳐서 김치를 담그기도 한다. 껍질째 데쳐서 담그면 부드러우나 빨리 시는 단점이 있다.

고들빼기김치

재료

고들빼기 ··· 1Kg
절임(천일염 1컵 + 물 2ℓ)
무 ··· 200g
절임(천일염 ½큰술)
쪽파 ··· 30g

양념

고춧가루 ··· 1컵
단호박풀 ··· 1컵씩(물 1컵 + 삶아
으깬 단호박 · 찹쌀가루 2큰술)
멸치젓 · 멸치액젓 ··· ½컵씩
매실청 ··· 1큰술
다진 마늘 ··· 3큰술
다진 생강 ··· 1작은술
설탕 · 통깨 ··· 1큰술씩

만드는 법

1__ 뿌리가 굵고 연한 고들빼기를 다듬어 소금물에 담가 돌로 눌러 공기가 닿지 않게 중간에 뒤집어 가면서 하룻밤 절인다.

2__ 절인 고들빼기를 헹구어 30분간 찬물에 담가 쓴맛을 우려낸다. 흐르는 물에 씻어 건져 물기를 뺀다.

3__ 단호박풀을 쑤어서 식혀 둔다.

4__ 무는 2×7㎝ 크기로 잘라 소금에 절여 헹구어 물기를 뺀다.

5__ 쪽파는 뿌리 부분에 멸치액젓을 뿌려 살짝 절여지면 뒤집어 잎 부분을 절인다.

6__ ④의 무에 고춧가루 2큰술을 넣고 문질러 붉은 물을 들인다.

7__ ⑤의 쪽파에 남은 액젓과 분량의 재료를 넣어 김치 양념을 만든다.

8__ 무와 고들빼기에 김치 양념을 넣고 버무린 뒤 쪽파를 넣고 다시 버무린다.

9__ 버무린 고들빼기와 쪽파, 무를 한 줌씩 쥐어 돌돌 말아 통에 꾹꾹 눌러 담는다. 오래두고 먹을 것은 우거지를 덮고 꼭꼭 눌러 시원한 곳에서 20일 이상 두어 익혀 먹는다.

TIP 고들빼기김치는 쌉쌀한 맛과 향기가 독특한 전라도의 별미김치다. 멸치액젓과 고춧가루를 많이 넣고 담가 맵고 진한 맛이 난다. 고들빼기김치에 무말랭이, 소라젓, 꼴뚜기젓, 갈치속젓, 밤을 넣기도 한다. 노지에서 자란 김장용 고들빼기는 소금물을 엷게 타서 뜨지 않게 돌로 눌러 1주일 정도 담가 잎이 누릇하게 되면 쓴맛이 빠지고 섬유소가 연해진다. 쓴맛이 빨리 빠지게 하려면 소금물을 2~3회 갈아 준다.

山菜
고들빼기는 마을 근처 밭이나 들판에서도 잘 자라는 나물이자, 농가에서 재배하는 채소이기도 하다. 맛이 쓰지만 독특한 맛이 있어 주로 김치를 담가 먹고 데쳐서 나물 반찬을 해 먹는다. 야생의 것은 뿌리가 단단하고 길며 잎이 짧으며 쓴맛이 강한 데 비해 재배한 것은 잎이 길고 부드러우며 상대적으로 뿌리가 짧고 쓴맛이 덜하다.

고춧잎 김치

맛있는 때 | 9~10월

재료

고춧잎 ··· 500g
절임물(천일염 3큰술 + 물 2컵)
쪽파 ··· 5뿌리

양념

찹쌀풀(물 ½컵 + 찹쌀가루 1큰술)
··· ½컵
고춧가루 ··· 4큰술
다진 마늘 ··· 2큰술
다진 생강 ··· 1작은술
다시마 국물 · 멸치젓 ··· 3큰술
멸치액젓 · 새우젓 · 통깨 ··· 1큰술씩
매실청 ··· 2큰술
설탕 ··· 1작은술
소금 ··· 약간

만드는 법

1__ 고춧잎은 억센 줄기를 떼고 분량의 소금물에 30분간 절여서 2~3회 헹궈 체에 밭쳐 놓는다.

2__ 찹쌀풀을 쑤어 차게 식힌다.

3__ 쪽파는 3cm 길이로 썰어 놓는다.

4__ 분량의 재료를 잘 섞어 김치 양념을 만들어 놓는다.

5__ ①의 고춧잎에 양념을 넣고 버무려 통에 꼭꼭 눌러 담는다.

6__ 실온에서 하룻밤 익히고 냉장고에 넣어 보관한다.

삭힌 고춧잎 김치

재료

고춧잎 ··· 500g
절임물(천일염 5큰술 + 물 3컵)
쪽파 ··· 5뿌리

양념

찹쌀풀(물 ½컵 + 찹쌀가루 1큰술)
··· ½컵
고춧가루 ··· 4큰술
다진 마늘 ··· 2큰술
다진 생강 ··· 1작은술
다시마 국물 · 멸치젓 ··· 3큰술
멸치액젓 · 새우젓 · 통깨 ··· 1큰술씩
매실청 ··· 2큰술
설탕 ··· 1작은술
소금 ··· 약간

만드는 법

1__ 고춧잎에 절임용 소금물을 부어 떠오르지 않게 돌로 눌러 1주일 정도 삭힌다.

2__ 절인 고춧잎을 두세 번 씻되, 마지막 헹굼물에 소금을 넣고 헹궈 채반에 펼쳐 바람이 통하는 그늘에서 꾸득하게 말린다.

3__ 찹쌀풀을 끓여 식힌 뒤 양념 재료를 한데 넣고 섞어 김치 양념을 만든다.

4__ ②의 고춧잎에 양념을 넣어 버무리고 모자란 간은 젓국이나 소금으로 맞춘 뒤 통에 꼭꼭 눌러 담는다. 간은 약간 짭짤한 것이 좋고, 오래 삭히면 쓴맛이 없어진다.

더덕 밤채 소박이

맛있는 때 | 10월~3월

재료

더덕 ··· 500g
절임물(천일염 ½컵 + 물 3컵)
밤 ··· 8톨
절임(설탕 ½큰술)
미나리 ··· 5줄기
대파 ··· 1대
바나나 ··· 1개

양념

고춧가루 ··· ½컵
멸치액젓 ··· ½컵
다진 마늘 ··· 2큰술
다진 생강 ··· 1작은술
매실청 ··· 1큰술

양념 국물 붓기

다시마 육수 ··· ⅓컵
소금 ··· 약간

만드는 법

*1*__ 껍질 벗긴 더덕을 길이대로 칼집을 넣되 깊이의 반만 넣고 나서 마른 천으로 감싸 방망이로 자근자근 두들겨 편다.

*2*__ 손질한 더덕을 소금물에 30분간 절여 물에 한 번만 헹구어 마른 면보로 물기를 걷어 낸다.

*3*__ 밤은 껍질을 벗기고 채 썰어 설탕을 뿌려 둔다.

*4*__ 미나리는 3cm 길이로 자르고, 대파도 세로로 가늘게 채 썰어 미나리와 같은 길이로 자른다.

*5*__ 잘 익은 바나나를 으깨어 멸치액젓에 넣고 고춧가루를 불린다.

*6*__ ⑤에 마늘, 생강, 매실청을 넣고 양념을 만든 뒤, 밤채, 미나리, 대파를 넣고 섞어 소를 만든다.

*7*__ ②의 더덕에 ⑥의 소를 채워 넣고 나머지 양념으로 전체를 버무린 뒤 단지에 꼭꼭 눌러 담는다.

*8*__ 양념 그릇을 다시마 육수로 가볍게 헹구어 소금으로 간하여 김치통 가장자리에 부은 뒤 속뚜껑을 덮고 시원한 곳에 두고 먹는다.

TIP 더덕은 소금물에 담가 쏜맛을 뺀 뒤 두드리면 섬유질이 연해져 부드럽게 먹을 수 있다. 바나나를 넣어 풀을 대신했다. 다른 채소에 비해 수분이 적고 섬유소가 질긴 편이라 김치국물을 조금 있게 하여 촉촉한 상태로 보관해야 잘 익는다.

山菜

더덕은 '산에서 나는 고기'라고 불릴 정도로 영양소가 풍부하며, 환절기에 면역력을 높여 주는 대표적인 건강 식재료이다. 비타민 B_1 · B_2, 칼슘, 섬유질 등이 풍부하고, 사포닌이 풍부하여 추운 겨울과 환절기에 영양을 보충하기에 좋은 식재료이다.

더덕 맨드라미 물김치

맛있는 때 | 10월~2월

재료

더덕 ··· 10개(200g)
무 ··· ⅓개
절임물(천일염 2큰술 + 물 1컵)
오이 ··· 1개
홍고추 ··· 5개
노랑파프리카 ··· 2개
미나리 ··· 10줄기
소금 ··· ½큰술
말린 맨드라미꽃 ··· 1송이

김칫국물

맨드라미 우린 물 ··· 5컵
배즙 ··· ½컵
소금 ··· 2큰술
설탕 ··· ½큰술

만드는 법

1__ 말린 맨드라미꽃을 가볍게 헹군 뒤 미지근한 물에 하룻밤 정도 담가 붉은 물을 우려낸다.

2__ 무는 껍질을 벗기고 0.2㎝ 두께로 통썰기하여 소금물에 30분간 절여 물기를 뺀다. 이때 미나리도 소금물에 같이 넣어 살짝 절여 헹궈 둔다.

3__ 더덕 껍질을 벗긴 뒤 마른 천으로 더덕을 감싸고 방망이로 자근자근 두들겨 납작하게 편다.

4__ ③의 더덕을 가늘게 찢은 뒤 소금을 약간 뿌려 절여서 물에 살짝 헹구어 마른 면보로 물기를 닦는다.

5__ 오이는 껍질째 씻어 6㎝ 길이로 잘라 돌려 깎은 뒤 굵게 채 썬다.

6__ 홍고추와 노랑파프리카는 반으로 갈라 씨를 털어 내고 오이와 같은 길이로 잘라 굵게 채 썬다.

7__ ②의 무를 펼쳐 놓고, 더덕, 오이, 홍고추, 파프리카를 놓고 단단히 만 뒤 미나리 줄기로 묶는다.

8__ 배 껍질을 벗기고 강판에 갈아 체에 걸러 즙을 낸다.

9__ 맨드라미 우린 물에 배즙, 소금, 설탕을 섞어 김치국물을 만든다.

10__ 김치통에 ⑦의 더덕말이를 넣고 김치국물을 부어 익힌다.

山菜

맨드라미는 '닭벼슬꽃'이라고도 하는데 꽃이 닭의 볏을 닮았다고 해서 붙여진 이름이다. 꽃잎 안의 씨앗을 깨끗이 털어내고 말려서 보관한다. 색소가 귀했던 옛날에는 물김치, 화채, 전, 송편, 수제비, 국수 등의 반죽에 붉은색을 낼 때 사용했다.

무청 북어채 김치

봄이 와 나복에 싹이 나니 / 잘게 잘라 항아리에 담그니 맛이 좋고

차가운 곳에 저장하니 / 소금 볶은 눈이 별안간 짠맛을 더하네

쟁반에 가지런하니 안색이 살아나고 / 술 마신 뒤 더욱 좋아 입안을 맑게 하니 / 젓가락이 분주해지네.

— 이안눌(1571~1637), 『동악속집東岳續集』

재료

무청 ··· 1kg
절임물(천일염 ½컵 + 물 1ℓ)
북어채 ··· 100g
불림(다시마물 ½컵)

양념
고춧가루 ··· ½컵
마른 고추 ··· 2개
다진 마늘 ··· 2큰술
다진 생강 ··· 1작은술
멸치액젓 ··· 2큰술
멸치생젓국물 ··· 1작은술
새우젓 ··· 1작은술
찹쌀풀 ··· 5큰술
설탕 ··· 1작은술
다시마 국물 ··· ¼컵
소금 ··· 약간

만드는 법

*1*__ 동치미무의 잎을 소금물에 담가 2시간 정도 절인 뒤 물에 2~3회 헹구어 건져 물기를 뺀다.

*2*__ 북어채는 가볍게 헹구어 다시마 국물에 담가 불린다.

*3*__ 고추는 꼭지를 떼고 가위로 잘라 물에 씻어서 20분간 불린 뒤 믹서에 다시마 국물과 함께 넣고 간다.

*4*__ 양념 재료에 ③의 고춧물을 부어 고춧가루가 불 때까지 잠깐 둔다. 나머지 재료를 한데 섞어 양념을 만든다.

*5*__ 불린 북어채를 찢어서 물기를 지그시 짜고 ④의 양념을 덜어서 버무린다.

*6*__ 볼에 무청을 가지런히 담고 준비한 양념으로 버무린 뒤 3~4 줄기씩 잡아서 북어채를 넣고 타래 지어 김치통에 차곡차곡 담는다.

*7*__ 실온에서 하루를 익힌 다음 냉장고에서 20여 일간 숙성시켜서 먹는다.

TIP 알타리무나 동치미 무에서 떼어 낸 연한 무청으로 담근 무청김치는 질깃 질깃 씹히는 맛이 독특하다. 멸치액젓을 줄이고 멸치생젓이나 갈치생젓의 양을 좀 늘리면 깊고 진한 맛을 낼 수 있다. 찌개용이나 조림용 김치로 좋다.

山菜

무청에는 칼슘, 철분, 식이섬유가 많아 콜레스테롤을 낮추어 동맥경화를 예방하고, 변비 해소 및 체중 감량에 도움을 준다. 특히 무청에는 비타민 A, C가 많아 건강식품으로 인기가 있다. 무청을 말린 시래기는 항균 작용이 강력한 것으로 밝혀졌다.

바위솔 겉절이

맛있는 때 | 8월~4월

재료

와송(바위솔) ··· 100g
무 ··· 50g
절임(소금 · 식초 · 설탕 1작은술씩)
양파 ··· ¼개
홍고추 ··· 1개
견과류(잣, 슬라이스 아몬드) · 소금
··· 약간

초고추장 소스

고추장 · 식초 ··· 1큰술
고춧가루 · 다진 마늘 ··· 1작은술씩
매실청 · 설탕 ··· ½큰술씩
깨소금 ··· 1작은술

만드는 법

1__ 와송을 흐르는 물에 씻어서 작은 잎은 떼어 놓고 큰 것은 먹기 좋은 크기로 자른다.

2__ 무를 채 썰어서 소금 · 식초 · 설탕으로 가볍게 절여 물기를 꼭 짜고 굵게 다진다.

3__ 양파는 굵게 다지고, 홍고추는 어슷하게 썰어 물에 담가 씨를 뺀다.

4__ 견과류는 기름을 두르지 않은 팬에서 가볍게 덖어 내어 종이를 깔고 굵게 다진다.

5__ 분량의 양념 재료를 섞어 초고추장 소스를 만든다.

6__ 와송, 무, 양파, 홍고추, 견과류를 섞어서 담은 뒤 초고추장 소스를 끼얹어 먹는다.

TIP 맛을 보면 미미한 신맛이 있고, 씹히는 맛은 개인적인 식감으로는 데친 브로콜리맛과 비슷하다. 다육식물 특유의 설컹한 느낌을 무채와 양파가 잡아 주어 식재료의 범위를 넓혔다.

山菜

'바위솔'이란 '바위에 붙어 자라는 소나무'라는 의미로, 꽃봉오리 모양이 소나무 수꽃을 닮았다. '기와 위에 자라는 솔'이라는 의미의 '와송瓦松'으로 더 잘 알려져 있다. 꽃을 포함한 전초가 암세포 억제와 치료에 효과가 있다. 생즙, 샐러드, 떡을 해 먹기도 하는데, 항암, 노화 방지 효능이 알려지면서 과일이나 요구르트, 우유와 함께 갈아 먹는 사람이 늘고 있다.

야콘 생채

맛있는 때 | 9월~3월

재료

야콘 … 400g
절임(소금 2작은술 + 설탕 · 식초 2 큰술씩)
사과 … ½개
쪽파 … 1뿌리
고운고춧가루 … 1큰술

양념

다진 마늘 … 1작은술
멸치액젓 … 1작은술
통깨 … 1작은술

만드는 법

1__ 야콘은 껍질은 벗겨 씻어 0.3×7㎝ 길이로 굵게 채 썰어 소금, 설탕, 식초를 넣고 20분간 절인다.

2__ 절인 야콘을 체에 밭쳐 물기를 거둔다.

3__ 사과는 씨를 빼고 껍질째 야콘과 같은 크기로 굵게 채 썬다.

4__ 쪽파는 송송 썬다.

5__ 준비된 야콘에 고운고춧가루를 넣고 비벼 붉은 물을 들인다.

6__ 고춧가루로 버무린 야콘과 사과에 분량의 양념을 넣고, 송송 썬 쪽파를 넣고 가볍게 버무려 통깨를 뿌려 낸다.

山菜

야콘 '땅속의 배'라고 불리는 야콘은 모양은 고구마 같고 아삭한 질감과 달달한 맛은 배 같다. 과일처럼 생으로 먹거나 생채, 샐러드, 튀김, 전 등으로 다양하게 이용한다. 야콘 무게의 약 10%를 차지하는 프락토 올리고당은 체내 소화 흡수 속도가 느려 비만을 예방하며, 풍부한 이눌린Inulin 성분은 당뇨의 예방과 치료 효과가 있다.

참마 연어 깍두기

맛있는 때 | 10월~2월

재료

마 ··· 500g
연어 ··· 300g
쪽파 ··· 5뿌리
미나리 ··· 5줄기

양념

멸치액젓 ··· 3큰술
고춧가루 ··· 4큰술
다진 마늘 ··· 2큰술
생강 ··· 1작은술
통깨 ··· 1큰술
소금 ··· 약간

만드는 법

1__ 마는 껍질을 벗기고 씻어 사방 3㎝ 크기로 썬다.

2__ 찜기에 소금을 넣고 김이 오르면 ① 마를 올려 5분 정도 쪄서 바람이 잘 통하는 곳에 두어 물기를 거둔다.

3__ ②의 마에 멸치액젓을 뿌려 밑간을 한다.

4__ 신선한 연어는 한입 크기로 썬다.

5__ 쪽파와 미나리는 3cm 길이로 썬다.

6__ 밑간한 마에 고춧가루를 넣고 버무려서 붉은 물을 들인다.

7__ 물들인 마에 마늘, 생강, 쪽파, 미나리를 넣고 버무린 뒤 연어를 넣고 가볍게 섞어 통깨를 뿌린다. 담근 즉시 먹을 수 있다.

山藥

참마는 '산에서 나는 장어', '산에서 나는 약'이라고 해서 '산약 山藥'으로 불린다. 뇌 신경전달물질이 풍부하여 뇌종양 등의 뇌질환에 도움이 된다. 참마마에는 아밀라제, 카탈라제, 폴리페놀라제 등의 소화 효소가 풍부하며, 단백질도 많다. 산마 절단면에서 나오는 점액질인 뮤신 Mucin은 탄수화물 코팅에 의해 둘러싸여진 당단백질로, 몸속의 콜레스테롤 수치를 낮춰주는 능력이 크며, 위장 보호 효과가 있다.

토란 굴 깍두기

우유로 만든다는 하늘나라의 '수타'라는 음식이 어떤 것이지는 잘 알지 못하지만
땅 위에서는 이보다 맛있는 음식은 없을 것이다.

- 허균, 『성소부부고惺所覆瓿藁』, 「토란 예찬」

재료

토란 ··· 500g
절임(천일염 1큰술)
굴 ··· 300g
청양고추 ··· 1개
미나리 ··· 5줄기
쪽파 ··· 5뿌리

양념
고춧가루 ··· ½컵
다진 마늘 ··· 2큰술
생강 ··· 1작은술
멸치액젓 ··· 3큰술
새우젓 ··· 1큰술
통깨 ··· 1큰술
소금 ··· 약간

만드는 법

*1*__ 토란은 검은 부분을 깎아 내고 씻어서 사방 2cm 크기로 썰어 쌀뜨물에 소금을 조금 넣고 설컹하게 삶는다.

*2*__ 데친 토란에 멸치액젓과 새우젓을 버무려 밑간해 둔다.

*3*__ 굴은 소금물에 젓가락으로 휘저어 씻어 껍질과 잡티를 가려 내고 체에 밭쳐 물기를 뺀다.

*4*__ 청양고추는 씨를 털어 낸 뒤 3cm 길이로 가늘게 채 썰고, 미나리도 같은 길이로 자른다. 쪽파는 미나리와 같은 3cm 크기로 썰고 쪽파는 송송 썬다.

*5*__ ②의 토란 국물을 양념할 볼에 따로 담아 두고, 토란에 고춧가루를 넣고 버무려 색을 들인다.

*6*__ ⑤의 토란 국물(젓갈)에 남은 양념 재료를 넣고 섞어 김치 양념을 만든다.

*7*__ ⑥의 양념을 조금 덜어 ③의 굴을 버무린다.

*8*__ ⑤의 토란에 김치 양념을 넣고 버무린 뒤 양념한 굴과 ④의 고추, 미나리, 쪽파를 넣고 가볍게 버무려 마무리한다. 조금씩 담가 바로 먹는다.

TIP 토란을 소금물에 잠깐 삶으면 미끈거림이 사라지고 아린 맛도 가신다.
TIP 굴은 찬 소금물에 휘저어 가며 씻는다. 강판에 갈아 만든 무즙에 굴을 넣고 젓가락으로 휘저어도 깨끗해진다.

山菜

'**토란**土卵'이라는 이름은 '흙에서 나온 알'이라는 의미로, 모양도 알처럼 둥글고 영양성분도 매우 풍부하다. 식이섬유가 풍부하여 장 내 노폐물을 제거하며 배변 활동에 도움을 주고, 부종을 없애며, 고혈압 예방에 도움이 된다. 특히 생체리듬을 주관하는 호르몬인 천연 멜라토닌 성분이 들어 있어 수면의 질을 높이고 우울증, 두통 등을 개선하는 데 좋으며, 유방암 예방 효과가 크다.

냉이 김치

맛있는 때 | 12월~4월

재료

냉이 … 500g
절임물(천일염 2큰술 + 물 1컵)
쪽파 … 2뿌리
청 · 홍고추 … 1개씩

양념
다시마 국물 … ⅓컵
고춧가루 … 4큰술
멸치젓 … 2큰술
새우젓 … 1 · ½큰술
다진 마늘 … 1큰술
다진 생강 … 1작은술
찹쌀풀 … 2큰술
올리고당 … 2큰술
소금 … 약간

만드는 법

1__ 냉이는 뿌리째 잘 다듬어서 큰 것은 반으로 가른 뒤 씻어서 소금물에 30분간 절였다가 찬물에 헹궈 물기를 거둔다.

2__ 쪽파는 3cm 길이로 썰고, 청 · 홍고추는 반으로 갈라 씨를 털어낸 뒤 쪽파와 같은 길이로 채 썬다.

3__ 다시마 국물에 고춧가루와 젓갈을 넣고 섞어 불린 뒤, 소금을 제외한 양념 재료를 한데 넣고 잘 섞어 김치 양념을 만든다.

4__ 절인 냉이에 준비한 김치 양념을 넣어 섞은 뒤 쪽파와 고추채를 넣고 부족한 간은 소금으로 맞춘다. 실온에서 3~4시간 익힌 뒤 냉장고에서 보관하고 먹는다.

山菜

냉이는 한해반살이 식물로, 가을에 싹이 나서 월동하므로 겨울에도 밭이나 길섶에서 볼 수 있다. 땅이 녹자마자 캘 수 있으므로 추위가 남아 있는 환절기를 진한 향기로 지켜준다. '월동한 봄냉이는 인삼보다도 좋은 명약'이라는 말이 있을 정도로 좋다. 중국 송나라 때 도곡이 쓴 「청이록」에서는 냉잇국을 백세갱百世羹'이라 했는데, 이는 자극이 없고 순한 나물인 까닭에 노인이 먹어도 부담이 없다는 뜻이라 한다.

달래 김치

맛있는 때 | 12월~4월

재료

달래 ··· 200g
홍고추 ··· 1개

양념
고춧가루 ··· 3큰술
다진 파 ··· 1큰술
식초·간장 ··· 1큰술씩
멸치액젓 ··· 2큰술
유자청 ··· ½큰술
깨소금 ··· 1작은술

만드는 법

1__ 달래 뿌리의 얇은 겉껍질을 벗기고 물에 흔들어 씻어 흙을 말끔히 씻어 낸다. 굵은 뿌리는 칼등으로 두드린다.

2__ 분량의 재료를 잘 섞어 김치 양념을 만든다.

3__ 손질한 달래에 김치 양념을 넣고 가볍게 털듯이 버무린다.

4__ ③의 달래를 4~5가닥씩 줄기를 감아 그릇에 담고, 둥글게 썰어 물에 담가 씨를 뺀 홍고추를 고명으로 올린다.

TIP 달래는 파와 같은 독특한 향미로 식욕을 돋우는 식품이다. 알뿌리는 굵은 것이 향이 강하지만 맛은 오히려 좋지 않으니 줄기는 마르지 않고 적당한 굵기로 고른다. 양념장을 만들 때 간장 대신 액젓을 쓰면 감칠맛이 더하다.

山菜

달래에는 남성호르몬 분비를 촉진하고 혈액순환을 돕는 황화아릴 성분이 들어 있다. 한방에서는 '야산野蒜' 즉 '들마늘'이라 부르고, 영어 이름은 '와일드 갈릭Wild garlic'이다.

도라지 생채

맛있는 때 | 10월~3월

장을 곁들이면 한여름에 먹기 좋고, 소금에 절이면 긴 겨울을 넘긴다

땅속에 도사린 뿌리 비대해지면 좋기는 날 선 칼로 배 베듯 자르는 것.

- 이규보(1168~1241), 『동국이상국후집東國李相國後集』 권4

재료

도라지 ··· 200g
오이 · 양파 ··· ½개씩
풋고추 ··· 1개
천일염 ··· 1큰술

양념

고춧가루 ··· 2큰술
다진 파 · 다진 마늘 ··· 1큰술씩
물엿 · 식초 · 통깨 ··· 1큰술씩
설탕 ··· ½큰술

만드는 법

1__ 도라지는 굵게 찢은 것을 다시 가늘게 갈라 5㎝ 길이로 자른다. 굵은 소금을 뿌리고 바락바락 주물러 쓴맛을 제거한 뒤 찬물에 두세 번 헹구어 물기를 제거한다.

2__ 오이는 소금으로 비벼 씻은 뒤 5㎝ 길이로 잘라 씨를 제외한 부분만 1㎝ 폭으로 도톰하게 저민 뒤 굵은 소금으로 20분간 절인다. 중간에 양파를 1㎝ 폭으로 채 썰어 오이 소금물에 넣어 살짝 절인다.

3__ 오이와 양파에 물을 조금 붓고 가볍게 주무른 뒤 물기를 꼭 짠다.

4__ 볼에 도라지를 담고 양념 재료 중에서 고춧가루만 먼저 넣고 주물러 붉게 물들인다.

5__ ④의 도라지에 오이와 양파를 넣고 나머지 양념을 모두 넣고 가볍게 버무린다.

TIP 도라지를 나물 반찬으로 먹을 때는 쌀뜨물이나 소금물에 담가 놓으면 아린 맛이 줄어들며 약효도 유지할 수 있고 맛도 좋다. 도라지와 돼지고기를 함께 먹으면 좋지 않다. 돼지고기의 지방이 도라지에 풍부한 사포닌 성분이 가지고 있는 약효를 떨어뜨리며 부작용을 일으킬 수 있다.

山菜

도라지는 제사상에도 오르는 중요한 산나물이다. 뿌리의 향과 씹는 질감, 맛이 좋고 영양도 풍부하여 반찬으로 많이 먹고, 약으로 쓰며, 보라색이나 흰색의 꽃은 관상용으로 즐긴다. 뿌리만 식용하는 것이 아니라 연한순은 쌈이나 겉절이, 데쳐서 나물로 먹고, 꽃잎도 생으로 먹거나 화전, 튀김으로 먹는다.

우엉채 김치

맛있는 때 | 10월~3월

재료

우엉(중간 굵기) ··· 500g
절임물(천일염 2큰술 + 물 2 · ½컵 + 식초 2큰술)
미나리 ··· 2줄기
쪽파 ··· 2줄기
청 · 홍고추 ··· 1개씩

양념

다시마육수 ··· 2큰술
고춧가루 ··· 3큰술
멸치액젓 ··· 2큰술
새우젓 ··· 1 · ½큰술
다진 마늘 ··· 1큰술
다진 생강 ··· 1작은술
찹쌀풀 · 매실청 ··· 2큰술씩
소금 ··· 약간

만드는 법

1__ 우엉은 칼등으로 껍질을 긁어 내고 5~6cm 길이로 채 썰어 절임물에 담가 20분간 절인 뒤 맑은 물에 헹구어 건져 물기를 뺀다.

2__ 미나리와 쪽파는 4cm 길이로 썰고, 고추는 반으로 갈라 씨를 털어 낸 뒤 쪽파와 같은 길이로 채 썬다.

3__ 육수에 고춧가루와 젓갈을 넣고 불린 뒤, 나머지 양념 재료를 한데 섞어 김치 양념을 만든다.

4__ ①의 우엉채에 ③의 김치 양념을 섞은 뒤 ②의 미나리, 고추, 쪽파를 넣고 버무려 바로 먹는다. 부족한 간은 소금으로 맞춘다.

TIP 우엉은 껍질을 벗긴 즉시 식초 물에 담가야 변색이 안 되고 아린 맛도 빠진다. 우엉은 자체에 수분이 적은 채소이므로 김치 양념이 지나치게 되지 않도록 풀을 약간 묽게 쑤고 액젓으로 농도를 조절한다.

山茱

<u>우엉</u>은 섬유질의 대명사로, 배변 촉진 효능 외에도 이눌린 성분이 있어 신장 기능 개선 및 이뇨 효과가 있다. 또한 풍부한 사포닌은 항산화 효과가 강력하여 성인병과 노화를 예방한다. 우엉차는 다이어트에 효과적이다.

잔대 김치

맛있는 때 | 10월~3월

재료

잔대 ··· 300g
천일염 ··· 1큰술
참기름·통깨 ··· 1작은술씩

양념

고추장 ··· 2큰술
고춧가루 ··· 1큰술
다진 마늘 ··· 1작은술
다진 파 ··· 2큰술
설탕·올리고당·식초 ··· 1큰술씩

만드는 법

1__ 잔대 껍질을 벗겨서 가늘고 길게 찢은 뒤 소금을 넣고 바락바락 주물러 씻어 물기를 뺀다.

2__ 분량의 재료를 섞어 김치 양념을 만든다.

3__ 손질한 잔대에 양념을 넣고 잘 버무린다.

4__ 양념이 고루 배면 참기름과 통깨를 뿌려 살짝 버무린다. 담가 바로 먹어도 맛있다. 실온에 3~4시간 두어 양념이 고루 배어 들면 냉장고에 두고 먹는다.

TIP 우엉은 껍질을 벗긴 즉시 식초 물에 담가야 변색이 안 되고 아린 맛도 빠진다. 우엉은 자체에 수분이 적은 채소이므로 김치 양념이 지나치게 되지 않도록 풀을 약간 묽게 쑤고 액젓으로 농도를 조절한다.

山菜

잔대는 우리나라 전역에 골고루 분포하는데 종류가 다양하다. 어린순을 쌈으로 먹거나 겉절이 또는 데쳐서 나물로 먹으며, 뿌리는 생채, 구이, 백숙 국물, 술 등으로 다양하게 이용한다. 잔대 뿌리는 맛이 달면서도 약간 쓰며, 씹을 때 질깃한 섬유질의 질감이 좋다. 뿌리 말린 것을 약재로 쓰는데 폐를 맑게 하고 가래를 없애며 기침을 멈추는 효과가 있다.

색다른 자연의 맛

산나물 김치